Rose Marie Dähncke, La Palma
Die Pilze. Pilzführer in 22 Biotope
Las setas. Guía de setas en 22 biotopos

Pilze bestimmen in Pared Vieja nach einem Spaziergang · Identificar setas en Pared Vieja después de un paseo

Rose Marie Dähnke

La Palma
Die Pilze · Las Setas

Pilzführer in 22 Biotope
Guía de setas en 22 biotopos

deutsch-español

Konkursbuch
Verlag Claudia Gehrke

Inhaltsverzeichnis

Vorwort der Verlegerin · Prólogo de la editora

Pilze sind etwas ganz Eigenes. Sie gehören nicht zu den Pflanzen, sie sind auch keine Tiere, sondern eine weitere Gruppe Lebewesen. Das hat die Wissenschaft erst im späten 20. Jahrhundert realisiert. Pilze sind überall auf der Welt zu finden, oft mikroskopisch winzig und unsichtbar, aber auch riesig, sie sind die größten Lebewesen überhaupt, auf dem Boden, in der Luft, in uns und unterirdisch, eine spannende und teils noch unbekannte, unerforschte Welt. Sie kommunizieren, recyceln, entgiften, liefern Bäumen und anderen Pflanzen Nährstoffe und empfangen welche von den Bäumen, sie bilden Symbiosen und sind enorm wichtig für alle anderen Lebewesen und das Ökosystem.

Die bekannte Mykologin Rose Marie Dähncke ist Ende der 1970er auf die kanarische Insel La Palma gezogen. La Palma gilt als Pilzparadies. Mykologen und Pilzinteressierte machen Exkursionen auf die Insel. Es herrschen gute Bedingungen für Pilze: der Wolkenwasserfall, die Kiefern, die das Wasser aus den Wolken kämmen, Zistrosen, Kastanienhaine, die Lorbeer- und Baumheidegegenden. Die Pilze hier waren nicht, wie in vielen anderen Gegenden Europas (auch in Deutschland) von der Strahlung nach der Reaktorkatastrophe in Tschernobyl betroffen, sind somit weniger belastet. Es gibt besonders viele Arten, darunter einige, die es im restlichen Europa nicht gibt. Rose Marie Dähncke hat auf La Palma auch bis dahin noch unbekannte Arten entdeckt. Sie ist sich sicher, dass es noch viele mehr gibt. Unter der neuen Vulkanasche in dem vom Tagojaite betroffenen Teil der Insel schienen Pilze zunächst verschwunden, aber inzwischen kommen einige mit voller Kraft durch die Asche zurück. Mir berichtete eine Freundin von großen Schopftintlingexemplaren (*Coprinus comatus*) 2024 in Las Manchas (die jungen, weißen sind essbar).

Rose Marie Dähncke nimmt uns in ihrem 100sten Lebensjahr (*10. Februar 1925) in diesem neuen Buch mit auf ihre Wege in 22 Biotope, in denen sie auf der Insel La Palma die meisten Pilze entdeckt hat. In jedes der verwunschenen Biotope

Las setas son algo muy especial. No son plantas ni animales, sino otro grupo de seres vivos. La ciencia no se dio cuenta de ello hasta finales del siglo XX. Las setas se encuentran por todo el mundo, a menudo microscópicamente diminutos e invisibles, pero también enormes, son los seres vivos más grandes de todos, en el suelo, en el aire, en nosotros y bajo tierra, un mundo apasionante y en parte aún desconocido, inexplorado. Se comunican, reciclan, desintoxican, entregan nutrientes a los árboles y otras plantas y reciben nutrientes, forman simbiosis y son enormemente importantes para todos los demás seres vivos y el ecosistema.

La conocida investigadora de setas Rose Marie Dähncke se trasladó a la isla canaria de La Palma a finales de los años setenta. La Palma se considera un paraíso para las setas y los micólogos y aficionados a las setas hacen excursiones a la isla. Hay buenas condiciones para las setas: la cascada de nubes, los pinos que peinan el agua de las nubes, los castañares, jaras, las zonas de laurisilva y brezo. A diferencia de muchas otras partes de Europa (incluida Alemania), aquí las setas no se vieron afectadas por la radiación tras la catástrofe nuclear de Chernóbil y, por tanto, están menos contaminadas. Hay un número especialmente elevado de especies, incluidas algunas que no se encuentran en el resto de Europa. Rose Marie Dähncke ha descubierto en La Palma especies hasta ahora desconocidas, está segura de que hay muchas más. Bajo las nuevas cenizas volcánicas en una zona de la isla, las setas parecían haber desaparecido al principio, pero ahora están volviendo poco a poco a través de la ceniza con toda su fuerza. Una amiga me habló de ejemplares deapagador de gran tamaño (Coprinus comatus) en Las Manchas en 2024 (los jóvenes y blancos son comestibles).

Rose Marie Dähncke tiene casi 100 años (nació el 10 de febrero de 1925) y en este nuevo libro nos lleva de viaje a los 22 biotopos donde más setas ha descubierto en la isla de La Palma. Cada uno de los biotopos encantados va acompañado de un paseo con descripciones y fotografías.
Después de los paseos, nos desvela más secretos: en el resumen de todas las setas descubiertas en La Palma hasta el momento, ha añadido también

führt ein Spaziergang mit Wegbeschreibungen und Fotos. Nach den Spaziergängen gibt sie weitere Geheimnisse preis: In die Übersicht über alle auf La Palma bisher entdeckten Pilze ergänzte sie zu vielen Pilzen auch das Biotop, in dem sie sie gefunden hat. Bei Pilzen, die andere gefunden und ihr vorgelegt haben, konnte sie die Fundorte nicht immer rekonstruieren. Ein Schatz für Fachleute und alle anderen, die es interessiert.

Seit den 1970ern veröffentlichte die passionierte Pilzforscherin Pilzbücher (die inzwischen vergriffen sind, aber zu ihrer Zeit in sehr hohen Stückzahlen verkauft wurden, u.a. das Standardwerk *1200 Pilze in Farbfotos* in mehreren Ausgaben). Bis sie Anfang neunzig war, wanderte sie noch und führte Mykologen aus aller Welt auch in die in diesem Buch beschriebenen Biotope zu bekannten und seltenen Pilzarten, hielt Vorträge, organisierte Veranstaltungen – und heute sitzt sie täglich am Computer, ordnet ihr riesiges digitales Archiv und arbeitet an Büchern. Sie sagt zwar, sie wolle eigentlich nicht mehr arbeiten – und tut es doch. Ihr großes Archiv mit Bildern und Exponaten hat sie der Stadt Mazo auf La Palma geschenkt, ein Pilzzentrum entstand, geplant ist ein Museum. Zur Zeit (2024) lässt sich das Archiv auf Anfrage besichtigen:
Ayuntamiento 38730 Villa de Mazo, Plaza Pedro Pérez Díaz, 1, 0034 922 44 00 03 / 44 03 25, ayuntamiento@villademazo.es

Danke, liebe Rose Marie Dähncke, dass wir nun dieses Buch verlegen und auf Ihren Wegen spazieren gehen können und etwas aus der faszinierenden Welt der Pilze erleben.

Claudia Gehrke

Rose Marie Dähncke, Pilzzentrum · Centro de micología. Foto Gudrun Bleyhl

el biotopo en el que las encontró. Sólo en el caso de las setas que otros han encontrado y le han presentado, no siempre ha podido reconstruir dónde fueron halladas. Un tesoro para expertos y cualquier persona interesada.

La apasionada investigadora de setas lleva publicando libros sobre setas desde los años setenta (que ahora están agotados, pero que se vendieron en grandes cantidades en su época, incluido su libro 1200 Setas en fotos en color en varias ediciones). Hasta que cumplió los noventa, siguió haciendo senderismo y llevando a micólogos de todo el mundo a los biotopos descritos en este libro para ver especies de setas conocidas y raras, dando conferencias, organizando eventos... y sigue sentada frente al ordenador todos los días, organizando su enorme archivo digital y trabajando en libros. Dice que no quiere trabajar más, pero lo hace. Ha donado su gran archivo de imágenes y exposiciones a la ciudad de Mazo, en La Palma, se ha creado un centro de la seta y se proyecta un museo. Actualmente (2024) se puede visitar el archivo previa solicitud:
Ayuntamiento 38730 Villa de Mazo, Plaza Pedro Pérez Díaz, 1, 0034 922 44 00 03 / 44 03 25, ayuntamiento@villademazo.es

Gracias, querida Rose Marie Dähncke, que ahora podemos publicar este libro y caminar por sus senderos y experimentar algo del fascinante mundo de las setas.

Claudia Gehrke

Die Pilze auf La Palma · Las setas de La Palma

Wer wegen der Pilze nach La Palma kommt, hat eine Menge Fragen, und auch wer auf der Insel sesshaft ist, kennt nicht all die guten Pilzwälder, die es hier gibt. La Palma ist einzigartig aufgrund der außergewöhnlichen Anzahl von Pilzarten, die kein anderes Gebiet mit so begrenzter Fläche aufweisen kann. Wir haben 1.500 Arten, darunter 80 essbare und sogar 33 weltweit neue Spezies. Dieses Buch kann für viele hilfreich sein, für Pilzsammlerinnen und -sammler, die einfach für eine exquisite, gesunde Mahlzeit Pilze suchen, für Mykologie studierende Menschen oder Menschen mit besonderem Bedürfnis nach Hilfe für eine Pilzreise. (Als Studienreise ist sie übrigens von der Steuer absetzbar), auch Anfängerinnen und Anfänger können sich über die ausführlichen Informationen freuen und Lust bekommen, sich näher mit der besonderen Pilzwelt auf La Palma zu befassen.

Meine Erfahrungen stammen aus über 35 Jahren gezielter Pilzarbeit auf der Insel, aber auch aus der Freundschaft und Zusammenarbeit mit sehr

Los que vienen a La Palma por las setas tienen muchas preguntas, e incluso los que viven en la isla no conocen todos los buenos bosques de setas que hay aquí. La Palma es única por el extraordinario número de especies de setas del que no puede presumir ninguna otra zona con una superficie tan limitada. Tenemos 1.500 especies, entre ellas 80 comestibles e incluso 33 especies nuevas en el mundo. Este libro puede ser útil para muchos, para buscadores de setas que simplemente buscan setas para una comida exquisita y sana, para personas que estudian micología o personas que necesitan ayuda especial para un viaje de setas. (Por cierto, es deducible de impuestos como viaje de estudios), los principiantes también disfrutarán de la información detallada y se sentirán inspirados para echar un vistazo más de cerca al especial mundo de las setas en La Palma.

Mi experiencia proviene de más de 35 años de trabajo específico con setas en la isla, pero

guten palmerischen Botanikern, die ihre Insel und die hier heimische Pflanzenwelt kennen, wie Juan Manuel Castro, dem ich die verstecktesten besten Plätze mit ganz besonderen Pilzen verdanke. 35 Biotope unterschiedlichster Beschaffenheit waren zur Pilzsaison mein tägliches Ziel, um jeden dort erscheinenden Pilz festzuhalten, zu fotografieren und perfekt zu dokumentieren. Das Resultat dieser Arbeit ist im Centro de Micología DÄHNCKE in Villa de Mazo einzusehen, wo eine aufwendige Kartei mit etwa 4.000 Karteikarten über jeden palmerischen Pilz Auskunft gibt. Es sind Standort und Funddatum angegeben, der Frischpilz wird genau beschrieben. Der Sporenabwurf ist eine ganz besondere Hilfe zur Bestimmung des Pilzes. Auf der Rückseite der Karteikarte ist das Mikrobild

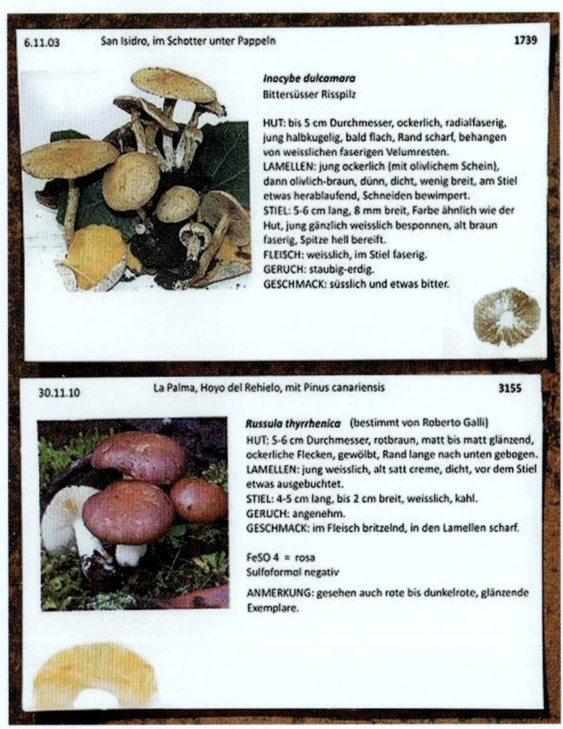
6.11.03 San Isidro, im Schotter unter Pappeln 1739

Inocybe dulcamara
Bittersüsser Risspilz

HUT: bis 5 cm Durchmesser, ockerlich, radialfaserig, jung halbkugelig, bald flach, Rand scharf, behangen von weisslichen faserigen Velumresten.
LAMELLEN: jung ockerlich (mit olivlichem Schein), dann olivlich-braun, dünn, dicht, wenig breit, am Stiel etwas herablaufend, Schneiden bewimpert.
STIEL: 5-6 cm lang, 8 mm breit, Farbe ähnlich wie der Hut, jung gänzlich weisslich besponnen, alt braun faserig, Spitze hell bereift.
FLEISCH: weisslich, im Stiel faserig.
GERUCH: staubig-erdig.
GESCHMACK: süsslich und etwas bitter.

30.11.10 La Palma, Hoyo del Rehielo, mit Pinus canariensis 3155

Russula thyrrhenica (bestimmt von Roberto Galli)
HUT: 5-6 cm Durchmesser, rotbraun, matt bis matt glänzend, ockerliche Flecken, gewölbt, Rand lange nach unten gebogen.
LAMELLEN: jung weisslich, alt satt creme, dicht, vor dem Stiel etwas ausgebuchtet.
STIEL: 4-5 cm lang, bis 2 cm breit, weisslich, kahl.
GERUCH: angenehm.
GESCHMACK: im Fleisch britzelnd, in den Lamellen scharf.

FeSO 4 = rosa
Sulfoformol negativ

ANMERKUNG: gesehen auch rote bis dunkelrote, glänzende Exemplare.

Karteikarten · Tarjetas de índice, Centro de Micología DÄHNCKE

gezeichnet, und Interessierte dürfen Fotos davon machen. Das Herbarium des Trockenmaterials steht Wissenschaftlerinnen und Wissenschaftlern zur Verfügung.

Die Verbindung von erfolgreicher Pilzsuche mit der Möglichkeit, die gefundenen Pilze mithilfe der Kartei sowie 150 hervorragender Pilzbüchern zu bearbeiten, ist einmalig. Dritte im Bunde sind viele Grillplätze, um Pilze zuzubereiten.

Und nun zu Fragen und danach zu den Wäldern und Spaziergängen und zur Lüftung mancher Geheimnisse um die Pilze auf La Palma.

también de la amistad y cooperación con muy buenos botánicos palmeros que conocen su isla y la flora local, como Juan Manuel Castro, a quien debo los mejores lugares escondidos con setas muy especiales. Durante la temporada de setas me desplacé diariamente a 35 biotopos de diferentes características para registrar, fotografiar y documentar perfectamente cada seta que allí aparecía. El resultado de este trabajo puede verse en el Centro de Micología Dähncke de Villa de Mazo, donde un elaborado índice con unas 4.000 tarjetas índices ofrece información sobre cada seta de La Palma. Se indica el lugar y la fecha del descubrimiento y se describe detalladamente la seta fresca. La descarga de esporas es una ayuda muy especial para identificar la seta. La micrografía se dibuja en el reverso de la tarjeta y los interesados pueden fotografiarla. El herbario de material seco está a disposición de los científicos.

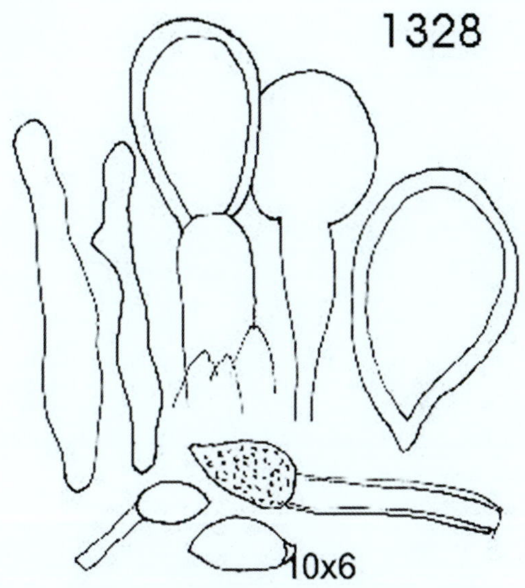

La combinación del éxito de la búsqueda de setas con la oportunidad de procesar las setas encontradas con la ayuda del índice de tarjetas y 150 excelentes libros sobre setas es única. En tercer lugar, hay muchas zonas de barbacoa para preparar setas.

Y ahora a las preguntas y luego a los bosques y paseos para revelar algunos de los secretos sobre las setas en La Palma.

Wann beginnen die Pilze? · ¿Cuándo empieza la temporada de setas?

Die Pilze zeigen sich hier sofort nach den ersten kräftigen Regenfällen, wenn die Erde gut durchfeuchtet ist. La Palma hat relativ konstantes Wetter (obwohl auch hier Auswirkungen des Klimawandels spürbar sind); meistens gibt es nach dem trockenen Sommermonaten Ende Oktober gute Niederschläge, sodass Anfang November mit dem Pilzwachstum gerechnet werden kann. Sollte sich der Regen etwas verspäten, fangen sie etwas später an, aber ab Mitte November gibt es für gutes Pilzwachstum Garantie.

Laetiporus sulphureus

Ende November ist der günstigste Zeitpunkt, um viele verschiedene Arten anzutreffen. Im Dezember können noch einige weitere Pilze erscheinen, aber mit der Vielfalt hört es dann langsam auf. Ein Pilz macht eine Ausnahme: der Schwefelporling (*Laetiporus sulphureus*). Er kann schon einen Monat früher erscheinen, da er nicht auf den Regen angewiesen ist, er wächst an Schadstellen von Laubbäumen. Ich habe ihn an Kastanienbäumen gesehen und an einem Eukalyptus. Junge Exemplare sind essbar, roh gilt er als ungenießbar. Man kann junge Hüte schneiden, durch Ausbackteig ziehen und in Öl backen. Sehr fein als asiatisches Gericht mit pikanter süßsaurer Soße.

Las setas aparecen aquí inmediatamente después de las primeras lluvias fuertes, cuando el suelo está bien humedecido. La Palma tiene un clima relativamente constante (aunque aquí también se notan los efectos del cambio climático); y suele haber buenas lluvias a finales de octubre, después de los meses secos del verano, por lo que se puede esperar el crecimiento de las setas a principios de noviembre. Si la lluvia se retrasa un poco, empezarán un poco más tarde, pero el buen crecimiento de las setas está garantizado a partir de mediados de noviembre. El final de noviembre es el mejor momento para encontrar muchas especies diferentes. En diciembre, pueden aparecer algunas setas más, pero la variedad se acaba poco a poco. Una seta es una excepción: el Políporo azufrado. Puede aparecer un mes antes, ya que no depende de la lluvia y crece en las zonas dañadas de los árboles de hoja caduca. Yo lo he visto en castaños y en un eucalipto. Los ejemplares jóvenes son comestibles, crudos se consideran no comestibles. Los sombreros jóvenes se pueden cortar, rebozar y hornear en aceite. Muy sabrosos como plato asiático con una salsa agridulce picante.

Morchella deliciosa, Speisepilz · seta comestible

Morchella elata, Speisepilz · seta comestible

Es gibt auch Frühlingspilze auf La Palma wie die köstliche Morchel (*Morchella deliciosa*), die besonders üppig nach Waldbränden auf Brandplätzen erscheint und in Kiefernwäldern in verschiedenen Gegenden oder auch im Laurisilva bei Pajonales und auf der Cumbre vieja. Diese Speisemorchel ist ein ganz besonders kostbarer Pilz mit einzigartigem Aroma und der Eigenschaft, auch nach dem Trocknen noch wie frisch zu verarbeiten zu sein. Neben Brandplätzen bevorzugt sie ein Biotop mit Laubgebüsch, wie wir es an vielen Stellen antreffen, wo Cistus, Lorbeer, Faya, Baumheide den Boden beschatten und feucht halten. An ähnlichen Stellen zu finden, auch beliebt und köstlich ist die *Morchella elata*. (Diese wurde in der Zeitung El Diario zum Pilz des Jahres 2024 gekürt.)

Da der Pfifferling auf meiner Finca unter den Esskastanien wuchs und ich ihn gut beobachten konnte, weiß ich, dass er bis in den Frühling hinein, sogar bis März erscheinen kann. Er wächst auf La Palma bei Kastanien und besonders auch bei *Cistus monspeliensis* (Montpellier-Zistrose), bei Kiefern kaum.

También hay setas de primavera en La Palma, como la deliciosa colmenilla (Morchella deliciosa), que abunda especialmente tras los incendios forestales en zonas quemadas y en pinares de varias zonas o en la Laurisilva, cerca de Pajonales y en la Cumbre vieja. Esta colmenilla comestible es una seta especialmente preciada, con un sabor único y la capacidad de procesarse como fresca incluso después de secarse. Además de zonas quemadas, prefiere un biotopo con arbustos caducifolios, como encontramos en muchos lugares donde jaras, laureles, fayas y brezos dan sombra al suelo y lo mantienen húmedo. La Morchella elata se puede encontrar en lugares similares y también es muy codiciada y deliciosa. (Esta fue nombrada seta del año 2024 en el periódico El Diario.)

Como la cantarela crecía en mi finca bajo los castaños y pude observarlo bien, sé que puede aparecer hasta bien entrada la primavera, incluso hasta marzo. En La Palma crece en castaños y sobre todo en Cistus monspeliensis (jara blanca), pero casi nunca en pinos.

Cantharellus cibarius, Speisepilz · seta comestible

Agaricus niveolutescens, Speisepilz, gefunden nah der Finca, Klein-Peru · seta comestible, encontrado en Pequeño Perú

Armillaria mellea, roh giftig, gut erhitzt (ca. 20 min) schmackhaft · venenosa en crudo, bien cocinado (aprox. 20 min) sabroso

Wo finde ich Pilze? · ¿Dónde puedo encontrar setas?

Die pilzreichsten Wälder befinden sich auf der Ostseite der Insel, wo der konstante Passat für gute Luftfeuchtigkeit sorgt, für ein Klima, das die Pilze brauchen. Zu den am leichtesten zu erreichenden Biotopen zählen die rechts und links der Landstraße San Isidro-Cumbre gelegenen Wälder, die auf der Skizze der Straßenkarte genannt werden.

San Isidro auf der Ostseite der Insel ist eine weitläufige Ortschaft, durch die man auf der gut asphaltierten Landstraße in Kurven hinauffährt mit einem Blick auf die Kilometerschilder. Nach Ende der Ortschaft ist man etwa bei km 16, und einen halben Kilometer weiter, auf der rechten Seite, befindet sich die Finca Rose Marie, das bin ich, und meine Finca soll angeblich die schönste auf der Insel gewesen sein mit den alten Kastanienbäumen, Kiefernwäldchen, Lorbeerbestand und großem Orchideengewächshaus. Seit einigen Jahren lebe ich nicht mehr dort. Auf jeden Fall hatte ich 180 verschiedene Pilze dort, darunter auch einige weltweit neue. Als Ausgangspunkt also ist diese Finca angegeben, und nun geht es immer bergauf bis zum höchsten Punkt, dem Grill- und Erholungsplatz El Pilar. Rechts und links sind die Gebiete mit Namen benannt, und es ist angegeben, um was für Wälder oder Bestände es sich handelt. Ab Seite 22 werden diese Biotope näher beschrieben und mit Fotos vorgestellt. Es folgen weitere gute Bereiche, auch auf der trockneren Westseite, die durch besondere Begleitpflanzen wie *Cistus monspeliensis* im Norden oder Eukalyptus im Riachuelo interessant sind. (Begleitpflanze bedeutet: Die Myzelien der Pilze gehen mit den Feinwurzeln der Pflanze eine Symbiose ein: die *Mykorrhizen*.)

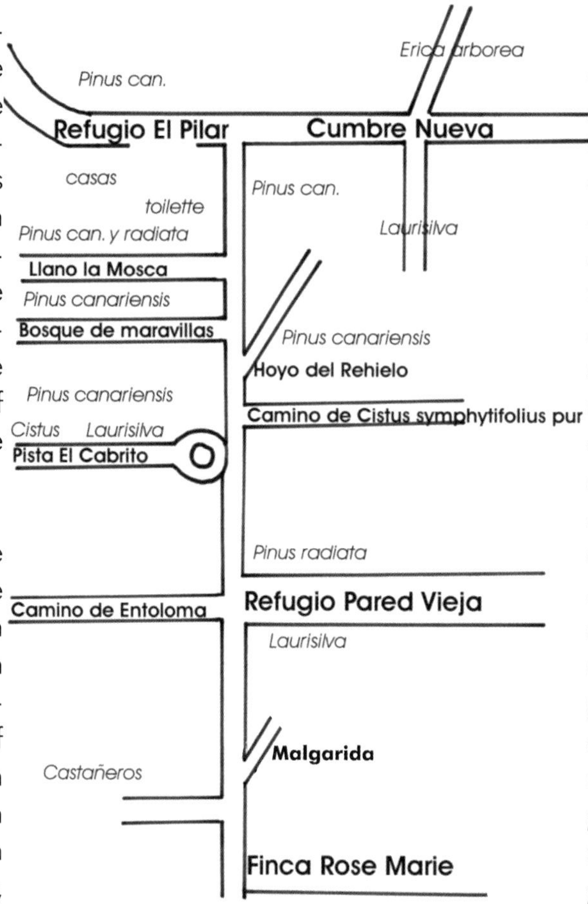

Erica arborea
Pinus can.
Refugio El Pilar
Cumbre Nueva
casas
toilette
Pinus can. y radiata
Pinus can.
Laurisilva
Llano la Mosca
Pinus canariensis
Bosque de maravillas
Pinus canariensis
Hoyo del Rehielo
Pinus canariensis
Camino de Cistus symphytifolius pur
Cistus Laurisilva
Pista El Cabrito
Pinus radiata
Camino de Entoloma
Refugio Pared Vieja
Laurisilva
Malgarida
Castañeros
Finca Rose Marie

Los bosques más ricos en setas se encuentran en la parte oriental de la isla, donde los constantes vientos alisios garantizan una buena humedad, clima que necesitan las setas. Uno de los biotopos más fáciles de alcanzar son los bosques situados a derecha e izquierda de la autopista San Isidro-Cumbre, que aparecen nombrados en el mapa de carreteras.

San Isidro, en la parte oriental de la isla, es un pueblo en expansión por el que se sube por la carretera comarcal bien asfaltada en curvas, sin perder de vista las señales kilométricas. Al final del pueblo se encuentra en el km 16 aproximadamente, y medio kilómetro más adelante, a mano derecha, está la Finca Rose Marie, esa soy yo, y se dice que mi finca era la más bonita de la isla, con sus viejos castaños, su pinar, sus laureles y su gran invernadero de orquídeas. Hace ya unos años que no vivo allí. En cualquier caso, tuve allí 180 setas diferentes, incluyendo algunas nuevas en todo el mundo. Así que esta finca se indica como punto de partida, y ahora es cuesta arriba todo el camino hasta el punto más alto, la barbacoa El Pilar y zona de recreo. Las zonas a derecha e izquierda están etiquetadas con nombres y se indica el tipo de bosques o rodales. A partir de la página 14, estos biotopos se describen con más detalle y se presentan con fotos. Siguen otras buenas zonas, incluso en el lado occidental más seco, que son interesantes por las plantas acompañantes especiales, como Cistus monspeliensis en el norte o eucaliptos en el Riachuelo.

(Planta acompañante significa: El micelio de las setas forma una relación simbiótica con las raíces finas de la planta: la micorriza)

Wie erntet man Pilze? · ¿Cómo recoger setas?

Pilze, die ganz sicher als Speisepilze erkennbar sind, werden dicht über dem Erdboden abgeschnitten. Manche Pilzsammelnde decken den Rest im Boden mit Erde ab, damit niemand weiß, dass hier die guten Pilze standen. Jaja, so sind sie, die Listigen. Es muss erwähnt werden, dass für Speisezwecke nur junge und gesunde Exemplare genommen werden. Alte, weiche und schon verformte Pilze bewirken gesundheitliche Schäden bis hin zur Lebensmittelvergiftung.

Die richtig als Speisepilze erkannten Fruchtkörper herauszudrehen, wie manche Pilzleute es anraten, hat eigentlich keinen Sinn. Man verschmutzt damit das Sammelgut, und später muss der untere Teil ja doch abgeschnitten werden. Dass nach dem Abschneiden über dem Boden der Rest dort verfault, schadet nicht, denn all die nicht gefundenen oder nicht gewollten Pilze verfaulen auch auf natürliche Weise. Übrigens ist es bei zwei Arten empfehlenswert, die Huthaut gleich beim Aufnehmen abzuziehen, damit die Pilze nicht alle damit verkleben; es sind das der Grünspanträuschling *(Stropharia aeruginosa)* und der Palmerische Butterpilz *(Suillus bellinii)*. Die Haut muss sowieso abgezogen werden, sie ist schädlich für Speisezwecke.

Soll ein unbekannter Pilz jedoch Pilzfachleuten vorgelegt werden, um die Essbarkeit zu erfahren oder nach Möglichkeit dessen Namen zu erhalten, dann muss der Pilz vorsichtig mit der Stielbasis ausgegraben werden, um mögliche Besonderheiten zu erkennen wie z.B. extreme, wurzelähnliche Myzelfäden oder knollige Basis mit Resten der Gesamthülle.

Las setas definitivamente reconocibles como comestibles se cortan justo por encima del suelo. Algunos recolectores cubren el resto del suelo con tierra para que nadie sepa que las setas buenas estaban allí. Sí, así son ellos, los astutos. Hay que mencionar que sólo se cogen ejemplares jóvenes y sanos para comer. Las setas viejas, blandas y ya deformadas son perjudiciales para la salud y pueden incluso provocar intoxicaciones alimentarias.

No tiene sentido retorcer cuerpos fructíferos que han sido correctamente reconocidos como setas comestibles, como aconsejan algunos expertos en setas. Se contamina el material recolectado y después hay que cortar la parte inferior. No tiene nada de malo que el resto se pudra después de cortarlo por encima del suelo, porque todas las setas que no se encuentran o no se quieren también se pudren de forma natural. Por cierto, en el caso de dos especies es aconsejable quitar la piel del sombrerillo nada más cogerlas para que no se peguen todas las setas; se trata de la estrofaria verde (Stropharia aeruginosa) y el boleto de pie moteado (Suillus bellinii). De todos modos, hay que quitar la piel, ya que es perjudicial para los fines comestibles.

Sin embargo, si se va a presentar una seta desconocida a expertos en setas para determinar su comestibilidad o, si es posible, para obtener su nombre, hay que excavar cuidadosamente la seta con la base del tallo para reconocer posibles características especiales, como hilos de micelio extremos, parecidos a raíces, o una base bulbosa con restos de toda la envoltura.

Mycena adscendens, Detail · detalle

Amanita fulva f. alba

Wie transportiert man die Pilze? · ¿Cómo transporta las setas?

Pilze brauchen immer eine gute Durchlüftung, damit sie nicht zu schwitzen beginnen, was schon die Vorstufe zur Fäulnis wäre. Und sie müssen vor dem Zerbrechen geschützt werden, wenn man sie zum Beispiel im Wald immer wieder absetzt, um neue dazuzutun. Das geht nur gut mit einem Korb oder notfalls einer offenen Plastikkiste, wie man sie auf dem Markt für Obst sieht. Korb mit Henkel ist natürlich viel praktischer. Sogar in der ernsthaften Pilzliteratur fand ich einmal angegeben, die Pilze sporen auf dem Nachhauseweg aus, und die Sporen können dann durch die Maschen im Korb überall ausgesät werden. Das ist natürlich Unfug, denn ein Pilz wächst nur dort, wo alle von ihm erforderten Bedingungen erfüllt werden, wie z.B. an dem Standort, wo er gefunden wurde.
Beim Transport muss nun wieder darauf geachtet werden, dass die fast sauberen Speisepilze gesondert gelagert werden, um nicht mit den unbekannten zu verschmutzen, die mit Erdboden herausgenommen worden sind. Wenn man kleine Nester aus Zeitungspapier macht, sorgt das für perfekte Ordnung

Las setas necesitan siempre una buena ventilación para que no empiecen a sudar, lo que sería precursor de la putrefacción. Y tienen que estar protegidas para que no se rompan, por ejemplo, si las vas depositando en el bosque para añadir otras nuevas. Esto sólo funciona bien con una cesta o, si es necesario, una caja de plástico abierta como las que se ven en el mercado de fruta. Una cesta con asa es, por supuesto, mucho más práctica. Incluso en la literatura seria sobre setas que encontré una vez se afirmaba que las setas brotan de camino a casa y las esporas pueden sembrarse luego por todas partes a través de la malla de la cesta. Esto, por supuesto, no tiene sentido, porque una seta sólo crece donde se dan todas las condiciones que requiere, por ejemplo, en el lugar donde se encontró.
Durante el transporte, hay que procurar de nuevo que las setas comestibles casi limpias se guarden por separado para no contaminarlas con las desconocidas que se han sacado con tierra. Si se hacen pequeños nidos con papel de periódico, se garantiza una organización perfecta

Dürfen Pilze probiert werden? · ¿Puede probar las setas?

Probieren kann einen Sinn haben, um essbare Täublinge zu erkennen, denn die mild schmeckenden sind essbar, die scharf oder bitter schmeckenden nicht. Unter den hunderten von Täublingsarten gibt es viele, die sich sehr ähnlich sehen, z.B. all die roten. Als Probe nimmt man einen kleinen Teil vom Hutfleisch und kaut ihn auf der Zungenspitze mit Geduld gut durch, manche Art reagiert erst etwas später. Dann ausspucken. Ist die Probe mild, nun die Lamellen probieren, die können nämlich im Gegensatz scharf sein und den Pilz als nicht essbar einordnen. Diese Form der Probe ist auch in der Wissenschaft wichtig, da sie zur Erkennung des Pilzes führen kann. Auch von manchen Täublingen, die in der Literatur als giftig bezeichnet werden, ist diese kleine Probe nicht gefährlich und hat keinerlei Folgen. Viele Pilze sind bitter und deshalb als Speisepilze nicht zu gebrauchen.

La degustación puede ser útil para reconocer las rúsulas comestibles, porque las de sabor suave son comestibles, mientras que las de sabor picante o amargo no lo son. Entre los cientos de especies de russula, hay muchas que se parecen mucho, por ejemplo, todas las rojas. Como muestra, tome un trocito de la carne del sombrero y mastíquelo pacientemente en la punta de la lengua; algunas especies sólo reaccionan un poco después. A continuación, escúpalo. Si la muestra es suave, pruebe entonces con los sombreros, ya que éstos pueden ser punzantes y clasificar la seta como no comestible. Este tipo de muestra también es importante en la ciencia, ya que puede llevar a reconocer la seta. Incluso con algunas russulas etiquetadas como venenosas en la literatura, esta pequeña muestra no es peligrosa y no tiene consecuencias. Muchas setas son amargas y, por tanto, no son adecuadas como setas comestibles.

Amanita phalloides, tödlich giftig · seta tóxica mortal

Anders ist es mit den wahrhaft giftigen Pilzen, die man nicht durch eine Kostprobe erkennen kann, denn das Gift schmeckt man nicht. Der tödlich giftige Grüne Knollenblätterpilz *(Amanita phalloides)* hat einen milden, guten Geschmack. Eine kleine ausgespuckte Probe davon würde aber auch keinen Schaden anrichten, das sei zur Beruhigung gesagt. Auf La Palma ist dieser Giftpilz sehr selten, in 35 Jahren habe ich drei Exemplare gesehen. Mehr verbreitet sind der giftige Fliegenpilz *(Amanita muscaria)* und der Pantherpilz *(Amanita pantherina)*, die aber gut zu erkennen und außerdem nicht lebensbedrohlich giftig sind. Es gibt auch einen (vor allem roh) giftigen Pilz, der den beliebten Morcheln (S. 13) ähnlich sieht: die Frühjahrsgiftlorchel *(Gyromitra esculenta)*. Gefunden habe ich sie bei *Pinus radiata* in Pared Vieja.

La situación es diferente con las setas verdaderamente venenosas, que no pueden reconocerse probándolas, ya que el veneno no puede saborearse. La seta mortal (cicuta verde, oronja verde) (Amanita phalloides), mortalmente venenosa, tiene un sabor suave y agradable. Sin embargo, una pequeña muestra escupida no causaría ningún daño, quisiera tranquilizarle.Esta seta venenosa es muy rara en La Palma, he visto tres ejemplares en 35 años. Son más comunes el matamosca (canina, falsa oronja) (Amanita muscaria) y la pantera (Amanita pantherina), que son fáciles de reconocer y no son tóxicos potencialmente mortales. También hay una seta venenosa (especialmente crudo) que se parece a los deliciosos colmenillos (p. 13): el bonete (Gyromitra esculenta). Lo encontré cerca de los Pinus radiata en Pared Vieja.

Amanita muscaria, giftig · seta tóxica

Gyromitra esculenta, giftig · seta tóxica

Amanita pantherina, giftig · seta tóxica

Haben Pilze einen speziellen Nährwert? · ¿Tienen las setas un valor nutritivo especial?

Pilze zeichnen sich durch hohen Eiweißgehalt aus. Allerdings wird das Pilzeiweiß vom menschlichen Körper nur zu 72% bis 83% verarbeitet. Bei Trockenpilzen liegen die Zahlen höher. Doch auch die unverdaulichen Chitinstoffe im Pilz sind nicht zu verachten, sie regen die Darmtätigkeit an.

Pilze enthalten außerdem:
Aminosäuren: Asparaginsäure, Glutaminsäure, Serin, Glykokoll, Threonin, Alanin, Valin, Tyrosin, Methionin, Isoleucin, Leucin, Phenylanalin, Lysin, Arginin, Prolin, Histidin, Cystin, Tryptophan.
Amine: Methylamin, Dimethylamin, Trimethylamin, Aetylamin, n-Propylamin, n-Butylamin, Isoamylamin, Phenyläthylamin, Adenin, Agmatin, Betain, Cadaverin, Cholin, Ergothionin, Guanidin, Harnstoff, Herzynin, Histamin, Hypoxanthin, Putrescin, Spermidin,Tryptamin, Tyramin, Xanthin.
Mineralstoffe: Natrium, Kalium, Magnesium, Calcium, Mangan, Eisen, Kobalt, Kupfer, Zink, Phosphor, Fluorid, Chlorid, Jodid.
Vitamine: Vitamin C, D, E, K, B1, B2, B6, Nicotinamid, Pantothensäure, Biotin, Folsäure.
Enzyme: Maltase, Trehalase, Glykogenase, Amylase, Proteinase, Laccase, Katalase, Urease.
Kohlenhydrate, ätherische Öle und anderes mehr.
Bringt man alle Inhaltstoffe und deren Verwertbarkeit durch den menschlichen Körper auf einen Nenner, so haben Pilze den Nährwert von gutem Gemüse.

Kalorienwert:
Pilze haben auf 100 g einen Kalorienwert von 23-34, ebenso wie die Karotte mit 34, viel weniger also als die Kartoffel mit 91 oder gar Weizenbrot mit 255.
Wegen ihres geringen Kaloriengehaltes sind Pilze für eine Schlankheitskur besonders geeignet. Da sie nicht leicht verdaulich sind, bleiben sie länger im Magen liegen, das Gefühl des Sattseins hält dadurch länger an.
Aber es muss gesagt werden, dass, gerade weil sie schwer verdaulich sind und lange im Magen liegen, keine großen Portionen von Pilzen gegessen werden sollten, besonders nicht als Abendmahlzeit. Pilze sind eher gedacht als kleine, feine Vorspeise oder als Beilage zu Fleisch,

Las setas se caracterizan por su alto contenido en proteínas. Sin embargo, el cuerpo humano sólo procesa entre el 72% y el 83% de las proteínas de las setas. Las cifras son mayores en el caso de las setas secas. Pero tampoco hay que despreciar las sustancias de quitina no digeribles de las setas, ya que estimulan la actividad intestinal.

Las setas también contienen
Aminoácidos: ácido aspártico, ácido glutámico, serina, glicocola, treonina, alanina, valina, tirosina, metionina, isoleucina, leucina, fenilanalina, lisina, arginina, prolina, histidina, cistina, triptófano.
Aminas: Metilamina, dimetilamina, trimetilamina, acetilamina, n-propilamina, n-butilamina, isoamilamina, feniletilamina, adenina, agmatina, betaína, cadaverina, colina, ergotionionina, guanidina, urea, herzinina, histamina, hipoxantina, putrescina, espermidina, triptamina, tiramina, xantina.
Minerales: Sodio, potasio, magnesio, calcio, manganeso, hierro, cobalto, cobre, zinc, fósforo, flúor, cloruro, yoduro.
Vitaminas: Vitamina C, D, E, K, B1, B2, B6, nicotinamida, ácido pantoténico, biotina, ácido fólico.
Enzimas: maltasa, trehalasa, glucogenasa, amilasa, proteinasa, lacasa, catalasa, ureasa.
Carbohidratos, aceites esenciales y más.
Si todos los ingredientes y su aprovechamiento por el cuerpo humano se llevan a un denominador común, las setas tienen el valor nutritivo de unas buenas verduras.

Valor calórico:
Los champiñones tienen un valor calórico de 23-34 por 100 g, igual que una zanahoria con 34, mucho menos que una patata con 91 o incluso que el pan de trigo con 255.
Por su bajo contenido calórico, las setas son especialmente adecuadas para una dieta de adelgazamiento. Como no se digieren fácilmente, permanecen más tiempo en el estómago, por lo que la sensación de saciedad dura más.
Pero hay que decir que, precisamente porque son difíciles de digerir y permanecen mucho tiempo en el estómago, no se deben comer grandes porciones de setas, sobre todo como cena. Es mejor tomar las setas como un pequeño y fino aperitivo o como guarnición con la carne, y si se toman

und wenn als Hauptgericht, sollten sie zu Kartoffelbrei, Reis, Nudeln, Spätzle oder Ähnlichem gegessen werden, was zur Sättigung beiträgt und den Pilzanteil verringert.

como plato principal, deben comerse con puré de patatas, arroz, pasta, spaetzle o similares, que ayudan a saciar y reducen el contenido de setas.

Eigentlich sollten wir als Gesundheitsfaktor noch dazurechnen, dass der Ausflug in den herbstlichen Wald und die Freude an guten Pilzfunden ganz intensiv dazu beitragen, sich richtig wohl und beglückt zu fühlen. Eine wohltuende Müdigkeit nach stundenlangem Umherstreifen und das verdiente Ausruhen mit ein paar Verwöhnprämien machen den Tag zu etwas Besonderem.
Übrigens, alle hier von mir vorgestellten Biotope sind dicht an mit dem Auto zu erreichenden Fahrstraßen gelegen, und sie sind gut und gefahrlos zu begehen, da ich für riskante Unternehmungen nicht mehr jung genug war.

De hecho, debemos añadir como factor de salud que una excursión al bosque otoñal y la alegría de encontrar buenas setas contribuyen intensamente a sentirse realmente bien y feliz. Un relajante cansancio tras horas de vagabundeo y un merecido descanso con algún que otro capricho hacen del día algo especial. Por cierto, todos los biotopos que he presentado aquí están cerca de carreteras a las que se puede llegar en coche, y son fáciles y seguros de recorrer a pie, pues yo ya no era lo bastante joven para aventuras arriesgadas.

Kann man Pilze aufbewahren? · ¿Se pueden almacenar las setas?

Wahrscheinlich möchten wir Pilze immer aufbewahren, besonders, wenn viele gefunden wurden. Haben wir tagsüber gesucht, sind wir gegen Abend wahrscheinlich müde und lassen die Arbeit lieber bis zum nächsten Tag. Pilze können ausgebreitet über Nacht draußen oder im Kühlschrank aufbewahrt werden. Bedenken wir, wie lange Pilze in Plastikfolie eingeschweißt in Supermärkten liegen, dann kann eine kühle Nacht unseren auch nicht schaden.

Probablemente siempre queramos conservar las setas, sobre todo si se han encontrado muchas. Si hemos buscado durante el día, probablemente estemos cansados por la tarde y prefiramos dejar el trabajo para el día siguiente. Las setas pueden extenderse y guardarse toda la noche en el exterior o en el frigorífico. Si tenemos en cuenta el tiempo que las setas permanecen envueltas en plástico en los supermercados, una noche fresca tampoco les hará ningún daño.

Bei Resten einer Pilzmahlzeit wird strikt vor einer Aufbewahrung gewarnt, sogar auf Etiketten von Pilzsuppen etc. ist das immer noch angegeben. Meines Erachtens wollte sich mit diesem Hinweis jemand wichtig tun und das wurde immer wieder abgeschrieben. Oder die Warnung stammt aus einer Zeit, in der es noch keinen Kühlschrank gab. Ich selbst habe die Probe gemacht und meine zwei Tage lang kühl aufbewahrten Reste am dritten Tag gegessen und nicht die geringsten Beschwerden gehabt. Pilzmahlzeiten ein, zwei Tage im Kühlschrank aufzubewahren ist ohne Gefahr möglich.

Hay advertencias estrictas contra el almacenamiento de las sobras de una comida con setas, incluso las etiquetas de las sopas de setas, etc. todavía lo indican. En mi opinión, alguien quería dejar claro algo con esta advertencia y se ha copiado una y otra vez. O la advertencia se remonta a una época en la que no existía el frigorífico. Yo mismo hice la prueba y me comí las sobras, que había conservado refrigeradas durante dos días, al tercer día y no tuve la menor queja. Las comidas con setas pueden conservarse en el frigorífico uno o dos días sin problemas.

Darf man Alkohol zur Pilzmahlzeit trinken? · ¿Se puede beber alcohol con una comida de setas?

Auf La Palma ja, darf man, denn Sie werden sicher nicht den einzigen Netzstieligen Hexenröhrling *(Boletus luridus)* finden, den es auf der Insel gibt, er wächst in der Finca in San Isidro. In Europa ist er häufiger, und es wird vor dem gleichzeitigen Alkoholgenuss gewarnt. Der kleine Faltentintling *(Coprinopsis atramentaria)* soll mit Alkohol zusammen zu heftigen Reaktionen führen. Wenn Sie zu Allergien neigen, werden Sie sowieso erst probieren, wie Sie mit Pilzen zurechtkommen. Sie sollten nicht zu große Portionen essen und bedenken, dass Pilze schwer verdaulich sind. Und auf keinen Fall rohe Pilze zu sich nehmen, alle sind etwas belastet.

En La Palma sí se puede, porque seguro que no encontrará uno de los raros boletos cetrinos (Boletus luridus) que se encuentran en la isla, crecen en la finca de San Isidro. Son más comunes en Europa y hay una advertencia contra el consumo de alcohol al mismo tiempo. Se dice que el pequeño coprino arrugado (Coprinopsis atramentaria) provoca reacciones graves cuando se consume con alcohol. De todos modos, si eres propenso a las alergias, es mejor que pruebes primero cómo te llevas con las setas. No debe comer porciones demasiado grandes y tenga en cuenta que las setas son difíciles de digerir. Y nunca comas setas crudas, todas están algo contaminadas.

Wie bereite ich die Pilze zu? · ¿Cómo se preparan las setas?

Am besten nach dem Grundrezept, das können Sie ganz nach Geschmack abwandeln.

Bratfett (Öl, Schmalz, Speck)
Zwiebel
Pilze
Salz und Pfeffer
etwas Mehl
Butter
Sahne
frische Petersilie

Ideal ist geräucherter Speck, diesen in kleine Würfel schneiden. Die Zwiebel ebenfalls würfeln. Den Speck in der Pfanne hellbraun braten, oder das Bratfett erhitzen. Die Zwiebeln darin glasig braten. Die vorbereiteten, fein aufgeschnittenen Pilze dazugeben und den austretenden Saft unter Umrühren etwas verschmoren lassen. Möchten Sie eine köstliche Sauce, sieben Sie ein wenig Mehl darüber und binden den Sud damit. Mit Salz und Pfeffer abschmecken. Die Hitze abschalten, frische Butter dazugeben und zur Verfeinerung die Sahne. Gehackte Petersilie ist Pflicht, die gibt den Pilzen den letzten Pfiff.

Wenn Sie den Pürierstab kurz hineinhalten, haben Sie eine ideale Paste zum Füllen von Teigtaschen und Eierkuchen, unter Hinzugabe von etwas Fleischbrühe eine exquisite Sauce zu Spaghetti und Nudeln, mit mehr Fleischbrühe eine wunderbare Suppe.

Lo mejor es seguir la receta básica, que se puede variar según el gusto.

Grasa para freír (aceite, manteca de cerdo, grasa de tocino)
cebolla
setas
sal y pimienta
un poco de harina
mantequilla
nata
perejil fresco

El panceta ahumada es ideal, cortada en dados pequeños. Picar también la cebolla. Freír el panceta en una sartén hasta que se dore, o calentar la grasa de freír. Freír en ella las cebollas hasta que estén translúcidas. Añada las setas preparadas y cortados en láminas finas y deje que suelten su jugo mientras remueve. Si desea una salsa deliciosa, tamice un poco de harina y espese el caldo con ella. Sazonar con sal y pimienta. Apague el fuego, añada mantequilla fresca y nata para dar sabor. El perejil picado es imprescindible, le da el sabor final a las setas. Si lo pasas rápidamente con la batidora de mano, tendrás una pasta ideal para rellenar pasteles y tortitas, una salsa exquisita para espaguetis y fideos si añades un poco de caldo de carne, y una sopa maravillosa si añades más caldo de carne.

Beschreibung der Biotope · Descripción de los biotopos

Finca Rose Marie „Los Castañeros“

2 **26** 351 E, 31 **70** 070 N. Da auf der auf S. 14 abgebildeten Straßenskizze mit der Finca Rose Marie begonnen wird, soll auch hier damit angefangen werden, um dann der Landstraße bis hinauf zur Cumbre zu folgen. Es handelt sich um einen Privatbesitz mit unterschiedlichem Baumbestand und Gewächshaus und ist interessant, weil ich hier 180 Pilzarten gefunden habe, darunter weltweit neue Arten. Dieses Biotop soll zeigen, was in dieser Höhenlage um die 700 m zu finden ist, in der sich ein Kastaniengürtel mit vielen Arten um die Ostabhänge der Cumbre zieht. Seit einigen Jahren lebe ich altersbedingt in einem kleineren Häuschen. Zum Zeitpunkt der Drucklegung dieses Buchs (2024) ist das Fincagebiet überwuchert. Die Natur schafft das schnell. Sobald sie wieder vermietet ist, würden sehr Interessierte vielleicht auch wieder hereingelassen werden, um dieses Biotop besichtigen zu können.

*2 **26** 351 E, 31 **70** 070 N. Como el dibujo del camino de la página 14 comienza con la Finca Rose Marie, yo también empezaré aquí y luego seguiré el camino rural hasta la Cumbre. Se trata de una propiedad privada con árboles variados y un invernadero, y es interesante porque aquí encontré 180 especies de setas, incluidas especies nuevas en el mundo. Este biotopo pretende mostrar lo que se puede encontrar a esta altitud de unos 700 metros, donde un cinturón de castaños con muchas especies se extiende alrededor de las laderas orientales de la Cumbre. Llevo unos años viviendo en una casa más pequeña debido a mi edad. Cuando este libro entró en imprenta, me enteré de que la finca estaba cubierta de maleza. La naturaleza hace eso rápidamente. En cuanto se alquile de nuevo, es posible que se permita volver a visitar este biotopo a personas muy interesadas.*

Sie können die in diesem Abschnitt erwähnten Pilze alle auch außerhalb des Finca-Geländes in der nahen Umgebung an den entsprechenden Bäumen finden. Rund herum gehen Wege in die ruderale Landschaft mit Weidewiesen, Sträuchern für Ziegenfutter, auch natürlichem Wildwuchs, und immer wieder gibt es auch Kastanienbäume.

Vorteilhafter Regen und gute Luftfeuchtigkeit lassen in dieser Höhe viele Pilzarten erscheinen, zumal die Kastanie als Begleitbaum für einige Arten dient, die in Europa zum Beispiel mit der Buche wachsen, die es auf La Palma nicht gibt. Hier beginnt nach den Oktoberregen das Pilzwachstum und zeigt an, dass ein paar Tage später auch die höheren Hänge der Cumbre mit Pilzen besetzt sein werden, wo die Temperaturen etwas niedriger sind.

También se pueden encontrar todas las setas mencionadas en esta sección fuera de la finca, en los árboles de los alrededores. Alrededor, los caminos se adentran en el paisaje ruderal con prados, arbustos para forraje de cabras, crecimiento silvestre natural y castaños.

Las lluvias favorables y la buena humedad a esta altitud permiten la aparición de muchas especies de setas, sobre todo porque el castaño sirve de árbol de compañía para algunas especies que crecen en Europa, por ejemplo con el haya, que no se encuentra en La Palma. El crecimiento de los hongos comienza aquí después de las lluvias de octubre, lo que indica que unos días más tarde las laderas más altas de la Cumbre también se cubrirán de setas, donde las temperaturas son algo más bajas.

Meine Finca „Los Castañeros" konnte ich besonders gut beobachten, mir entging nichts, da ich den Garten pflegte und die Nutzflächen unter Kontrolle hatte. Auf dem Gelände von 20.000 qm gibt es als Begleitbäume einige über 150 Jahre alte Kastanienbäume, zwei Kiefernarten (*Pinus radiata* und *Pinus canariensis*), einen größeren Bestand an Laurisilva, Palmen, Ruderalflächen und Orchideen, die auf geschredderte Baumrinde gepflanzt sind. Da sie immer feucht gehalten werden, erschienen auf diesem Substrat die Holzbewohner, unter ihnen sogar ein weltneuer Pilz, *Leucoagaricus atroalbus*.
Die Wurzeln der alten Kastanienbäume werden begleitet vom Hasenröhrling, *Gyroporus castaneus*, der selbst auf der nächst tieferen Terrasse noch bei den Wurzelspitzen erschien. Der Pilz wächst in Europa bei Eichen und Hasel, die auf La Palma fehlen. Es wird zur Schonung des Pilzes aufgerufen, aber bei mir kam er in ansehnlichen Gruppen, und wenn ich ein paar Exemplare für eine Crêpefüllung abschnitt, schadete das seinem Myzel nichts. Auch bei den Kastanien in der Umgebung lässt er sich finden.

Der Steinpilz, *Boletus edulis*, ist eher selten. Er wächst in Europa in Laub- und Mischwäldern, auf La Palma findet man ihn nur an wenigen Stellen im Kiefernwald, z.B. im Riachuelo. Häufig haben wir hingegen den Sommersteinpilz, *Boletus aestivalis*, unter Esskastanien. Man erkennt ihn an der braunen Netzzeichnung, die den ganzen Stiel

Gyroporus castaneus, Speisepilz · *Seta comestible*

Leucoagaricus atroalbus

Pude vigilar especialmente de cerca mi finca „Los Castañeros", no se me escapaba nada, ya que cuidaba el jardín y tenía controladas las zonas cultivadas. En los 20.000 metros cuadrados de terreno hay varios castaños de 150 años, dos tipos de pino (Pinus radiata y Pinus canariensis), un gran rodal de laurisilva, palmeras, zonas ruderales y orquídeas plantadas sobre corteza de árbol triturada. Al mantenerse siempre húmedos, en este sustrato han aparecido habitantes de la madera, entre ellos un hongo pionero en el mundo, el Leucoagaricus atroalbus. Las raíces de los viejos castaños están acompañadas por el giroporo castaño, Gyroporus castaneus, que apareció en las puntas de las raíces incluso en la terraza contigua. Esta seta crece en Europa

Boletus aestivalis, Speisepilz · *Seta comestible*

Boletus edulis, Speisepilz · Seta comestible

überzieht, während der andere, *Boletus edulis*, nur die Stielspitze genetzt hat. Der Kastaniengürtel in etwa 700 m Höhe auf der Ostseite ist besonders ergiebig, ich erntete z.B. auf meiner Finca unter den Esskastanien in einer Woche 94 frische Exemplare, jeden Morgen waren neue da. Ein ganz besonderer Steinpilzwald muss sich oberhalb der kleinen Kapelle im Riachuelo befinden, denn dort sah ich immer wieder Menschen mit übervollen Körben den Berg herunterkommen. Auch in der Nähe des alten Tunnels auf der Ostseite gibt es direkt von der Straße aus Wege mit Pilzen und in Kastanienbeständen Steinpilze.

Als erster Pilz unter den Kastanien kommt der weiße Mehlräsling, *Clitopilus prunulus*, leicht zu erkennen an seinem kräftigen Mehlgeruch, der beim

Clitopilus prunulus, Speisepilz · Seta comestible

en robles y avellanos, ausentes en La Palma. Hay llamamientos para proteger el hongo, pero yo lo encontré en grupos considerables, y cuando corté algunos ejemplares para rellenar un crepe, no causó ningún daño a su micelio. También se puede encontrar entre los castaños de los alrededores.
El boleto comestible, Boletus edulis, es bastante raro. En Europa crece en bosques caducifolios y mixtos, en La Palma sólo se encuentra en algunos lugares del pinar, por ejemplo en Riachuelo. En cambio, el boleto de verano, Boletus aestivalis, se encuentra a menudo bajo los castaños. Se reconoce por la malla marrón que cubre todo el tallo, mientras que el otro, Boletus edulis, sólo tiene malla en la punta del tallo. El cinturón de castaños situado a unos 700 metros de altitud en la vertiente oriental es especialmente productivo; por ejemplo, en una semana recogí 94 ejemplares frescos de los castaños de mi finca, y cada mañana aparecían nuevos. Encima de la pequeña capilla de Riachuelo debe de haber un bosque muy especial de setas porcini, porque no paraba de ver gente que bajaba de la montaña con cestas rebosantes. También hay rodales de castañas y setas porcini cerca del antiguo túnel del lado este.

La primera seta que aparece entre los castaños es la harinera, Clitopilus prunulus, fácilmente reconocible por su fuerte olor harinoso, que desaparece al cocerla. Cuando la seta está madura, las láminas adquieren un color rosado y son blandas y fáciles de aplastar. Lo mismo ocurre con el rebozuelo, Cantharellus cibarius. Pude observar bien la seta bajo mis castaños y recolectar muchos hasta bien entrado marzo. Aparecieron ejemplares de color blanco puro algo separados del mismo miceli. (No se han publicado como subespecie separada).

En un camino rústico apareció la seta roja, Clathrus ruber, y al otro lado del camino rural, también cerca de castaños, creció la seta Ileodyction gracile, ambas raras setas termófilas.
Pude observar el bovidio gigante, Scleroderma polyrhizum, desarrollándose durante semanas. No es infrecuente y crece independientemente de las plantas acompañantes en zonas ruderales secas y soleadas. Inicialmente esférico y de hasta 20 cm de tamaño, luego se abre lentamente y finalmente se desgarra irregularmente y adquiere forma de cuenco plano. En su interior contiene

Kochen aber vergeht. Am reifen Pilz färben sich die Lamellen rosa, und sie sind weich und leicht zu zerdrücken. Für den Pfifferling, *Cantharellus cibarius*, gelten die gleichen Fundstellen. Unter meinen Esskastanien konnte ich den Pilz gut beobachten und so manche Mahlzeit sammeln bis in den März hinein. Aus dem gleichen Myzel erschienen

Cantharellus cibarius, Speisepilz · Seta comestible

Cantharellus cibarius, Speisepilz · Seta comestible

rein weiße Exemplare etwas abgesondert (sie sind nicht als eigene Unterart publiziert worden.)

Auf einem rustikalen Weg erschien der Rote Gitterling, *Clathrus ruber*, und auf der anderen Seite der Landstraße, ebenfalls bei Kastanien,

Clathrus ruber

Lleodyction gracile

Contomyces brunneolilacinus

wuchs der weiße Gitterling, *Lleodyction gracile*, beides sind seltene wärmeliebende Pilze.
Den Riesenkartoffelbovist, *Scleroderma polyrhizum*, konnte ich über Wochen in seiner Entwicklung beobachten. Er er ist nicht selten und wächst unabhängig von Begleitpflanzen auf trockenen, sonnigen Ruderalplätzen. Erst kugelförmig bis 20 cm groß, platzt er dann langsam auf und ist zum Schluss ungleichmäßig aufgerissen flach schüsselförmig. In seinem Innern birgt er das braun-schwärzliche Sporenpulver. Er ist nicht essbar.
Eine ganz große Überraschung war das Erscheinen eines kleinen Pilzes, den der italienische Mykologe Dr. Marco Contu erst kürzlich publiziert hatte, und der noch nirgends abgebildet war, er heißt *Contomyces brunneolilacinus*. Er wuchs auf einem festgetretenen, teils mit dürftigem Gras bewachsenen sonnigen Weg durch die Finca.

polvo de esporas de color pardo-negruzco. No es comestible.
Una gran sorpresa fue la aparición de un pequeño hongo, que el micólogo italiano Dr. Marco Contu había publicado hacía poco y que aún no se había ilustrado en ningún sitio, llamado Contomyces brunneolilacinus. Crecía en un sendero soleado de la finca, en parte cubierto de hierba rala.

Scleroderma polyrhizum

Wo unter den alten Kastanienbäumen im September diese Amaryllisart blüht, wachsen von November bis März Pfifferlinge. Als erster Pilz erscheint im Oktober oder noch früher der Sommersteinpilz. Etwas unterhalb der Finca gegenüber befindet sich die Montaña Pavona, dort und auch auf den umliegenden Weiden und Feldern lassen sich viele der Pilze finden, die auf meiner Finca wuchsen. Bis zum nächsten Biotop – La Malgarida – sind es vom ehemaligen Fincaeingang 5 km.

Donde esta especie de amarilis florece bajo los viejos castaños en septiembre, las cantarelas crecen de noviembre a marzo. La primera seta que aparece en octubre o incluso antes es el boletus de verano. Justo debajo de la finca, enfrente, se encuentra la Montaña Pavona. Muchas de las setas que crecen en mi finca se pueden encontrar allí y en los pastos y campos circundantes. El biotopo más cercano -La Malgarida- está a 5 kilómetros de la antigua entrada de la finca.

Montaña Pavona

La Malgarida

Desde la entrada de la finca, 5 km por la carretera rural, sale una pista a la derecha, que ahora está incluso cementada. Lleva a campos cultivados y tiene un aparcamiento para unos pocos coches al final después de unos 400 metros. Aquí comienza un hermoso rodal de laurisilva, que se funde con un pinar (Pinus radiata) tras una bifurcación a la derecha. Desde este lugar también parte un sendero que sube directamente a la cumbre, siempre entre bosque de arbustos y pinos. Este biotopo de La Malgarida es interesante para los viajeros seriamente interesados en las setas y para los micólogos que visitan La Palma por las setas. Está más cerca que los bosques de laurisilva de Los Tilos y Cubo de La Galga y no es (todavía) visitado por nadie más.

Vom Fincaeingang aus 5 km die Landstraße hinauf geht rechts eine Piste ab, die jetzt sogar zementiert ist. Sie führt zu bestellten Feldern und hat am Ende nach etwa 400 m Länge einen Parkplatz für einige Autos. Und dort beginnt zunächst ein schöner Bestand von Laurisilva, der nach einer Abzweigung nach rechts in einen Kiefernwald *(Pinus radiata)* übergeht. Von diesem Standort aus führt auch ein Weg direkt bis hinauf zur Cumbre, immer durch Buschwald und Kiefern. Dieses artenreiche Biotop La Malgarida ist für ernsthaft und an besonderen Pilzen interessierte Reisende interessant und für Mykologinnen und Mykologen. Es liegt näher an den meisten Unterkünften als die Lorbeerwälder von Los Tilos und Cubo de La Galga und wird (noch) von niemand anderem begangen.

La Malgarida im Frühsommer • a principios de verano

Fincaeingang 2024 • Entrada a la finca 2024.

Beschreibung der natürlichen Flora im dortigen Sektor Laurisilva von Juan Miguel Castro:

In der Baumschicht:
– *Laurus novocanariensis Rivas Mart.* (Lauraceae) „Kanarischer Lorbeerbaum"
– *Persea indica (L.) Spreng.* (Lauraceae) , „Wilder Avocadobaum"
– *Myrica faya Aiton* (Myricaeae), „Gagelbaum"
– *Erica arborea Linnaeus* (Ericaceae), „Baumheide"
– *Ilex canariensis Poir.* (Aquifoliaceae), „Kanarische Stechpalme"
In der Strauchschicht:
– *Viburnum rigidum Vent.* (Caprifoliaceae) „Immergrüner Schneeball"
– *Hypericum grandifolium* (Choisy) (Hypericaceae) „Großblättriges Johanniskraut"
Kräuter und Farne:
– *Myosotis latifolia Poir.* (Boraginaceae) , „breitblättriges Vergissmeinnicht"
– *Iris foetidissima* (Iridaceae)
– *Pteridium aquilinum ssp. capense*
– *Dryopteris oligodonta*
– *Asplenium onopteris*

Und hier sehen Sie einige der Pilze, die sich in diesem Biotop finden lassen (essbar ist zum Beispiel Kirschroter Saftling, *Hygrocybe coccinea*).

Descripción de la flora natural del sector Laurisilva por Juan Miguel Castro:
En el estrato arbóreo:
– Laurus novocanariensis Rivas Mart. (Lauraceae) „Laurel canario".
– Persea indica (L.) Spreng. (Lauraceae) , „Aguacatero silvestre" – Myrica faya Aiton (Myricaeae), „Árbol del clavel" – Erica arborea Linnaeus (Ericaceae), „brezo arbóreo" – Ilex canariensis Poir. (Aquifoliaceae), „acebo canario"
En el estrato arbustivo
– Viburnum rigidum Vent. (Caprifoliaceae) „Bola de nieve perenne" – Hypericum grandifolium (Choisy) (Hypericaceae) „Hierba de San Juan de hoja grande"
Hierbas y helechos
– Myosotis latifolia Poir. (Boraginaceae) „Nomeolvides de hoja ancha
– Iris foetidissima (Iridaceae)
– Pteridium aquilinum ssp. capense
– Dryopteris oligodonta
– Asplenium onopteris
Y aquí están algunos de los setas que se pueden encontrar en este biotopo. (Comestible por ejemplo la seta de prado rojo, Hygrocybe coccinea).

Hygrocybe coccinea, essbar · comestible

La Malgarida im Frühsommer • a principios de verano

Pared Vieja

2 **24** 180 E, 31 **68** 883 N. Das ist 2 km weiter hinauf auf der rechten Seite, eines der beliebtesten Ziele zur Pilzsuche. Leider hat man den Bestand der Monterey-Kiefer, *Pinus radiata,* stark reduziert, und die dort erschienenen über 300 Pilzarten sind verschwunden. Aber auch jetzt lässt sich noch einiges bei außerhalb stehenden einzelnen Kiefern finden, was an diese Bäume gebunden ist. Es gibt dort Speisepilze wie den guten Jodoformtäubling *(Russula turci, S. 73)* und an den Stümpfen der abgesägten Kiefern üppige Büschel von Hallimasch *(Armillaria mellea, S. 36),* der roh giftig, aber lange erhitzt sehr schmackhaft ist.

Aber auch der suchende Hobbymykologe wird auf seine Kosten kommen, denn auf Freiflächen wachsen große Kolonnen von Pilzen, die Holzreste bevorzugen, und davon gibt es nach der Lichtung des Geländes genug im Boden. Ein kleiner feuchter Barranco zieht sich durch das Zentrum des Erholungsplatzes und sorgt für gutes Pilzaufkommen, auch wenn die Umgebung schon austrocknet. Ein gepflegter Rundweg mit wechselnder Vegetation führt durch Zonen mit unterschiedlichen Pilzen. Die Pilzmenschen nutzen diesen Platz gerne für Pilzausstellungen und Zubereitung der gefundenen Pilze in den dort vorhandenen Grillhäusern.

*2 **24** 180 E, 31 **68** 883 N. A 2 km más arriba, a mano derecha, se encuentra uno de los destinos más populares para la búsqueda de setas. Desgraciadamente, la población del pino de Monterrey, Pinus radiata, se ha reducido mucho y las más de 300 especies de setas que allí aparecían han desaparecido. Ahora todavía es posible buscar y encontrar lo que se asocia a estos árboles en pinos individuales que se encuentran un poco a las afueras. Allí hay setas comestibles, como la buena russula de olor a yodo (Russula turci, p. 73) y opulentas agrupaciones de Armilaria color de miel (Armillaria mellea, p. 36) en los tocones de los pinos talados, cruda es venenosa, pero bien calentada es muy sabrosa. El micólogo aficionado que busque setas también disfrutará*

Pinus radiata, sieht in Wolken fast schwarz aus, obwohl ihre Nadeln hellgrün sind. Sie sind kürzer als die der kanarischen Kiefer, und ihre Rinde ist grau bis dunkelbraun. / Parece casi negro en las nubes, aunque sus agujas son de color verde claro. Son más cortas que las del pino canario y su corteza es de color gris a marrón oscuro.

Pared vieja, Pilztag mit Ausstellung und Kostproben · Día de las setas con exposición y degustaciones

Häufig wie in allen Kiefernwäldern ist hier Bellinis Röhrling, *Suillus bellinii*, zu finden. Leicht zu erkennen an dem Stiel, außen mit roten Pusteln, und der schmierigen Huthaut. Der Pilz ist weich und zählt nicht gerade zu den Edelpilzen, aber als Mischpilz ist er gut zu gebrauchen. Auf jeden Fall Huthaut abziehen und den Pilz nicht in großen Mengen verzehren, er kann abführend wirken. Auch der essbare Scheidenstreifling *(Amanita fulva)* lässt sich bei den Kiefern finden und viele Sorten mehr, und neue Arten ließen sich in Pared vieja auch entdecken, zum Beispiel an den Monterey-Kiefern *(Pinus radiata)* eine *Lyophillum*-Art.

allí, porque en las zonas abiertas crecen grandes columnas de setas que prefieren los restos de madera, y hay muchas de ellas en el suelo después de talar muchos pinos. Un pequeño barranco húmedo atraviesa el centro del área recreativa y asegura un buen crecimiento de las setas, incluso si la zona circundante ya se está secando. Un sendero circular en buen estado con vegetación cambiante conduce por zonas con diferentes tipos de setas. A los aficionados a las setas les gusta utilizar esta zona para exposiciones de setas y para preparar las setas en las parrillas disponibles allí. Como en todos los pinares, aquí se encuentra a menudo el boleto de pie moteado, Suillus bellinii. Se reconoce fácilmente por su tallo con pústulas rojas y la piel grasienta del sombrero. La seta es blanda y no es precisamente una de las mejores setas, pero es una buena seta mixta. Hay que pelar siempre el sombrero y no consumir la seta en grandes cantidades, ya que puede tener un efecto laxante. La oronja emfundada, una seta comestible (Amanita fulva), también se puede encontrar en los pinos. Y también se descubrieron nuevas especies en Pared vieja, por ejemplo una especie de Lyophillum en los pinos monterrey (Pinus radiata).

Lyophyllum rosae mariae

Suillus bellinii , essbar · *seta comestible*

Amanita fulva, essbar · *seta comestible*

Armillaria mellea, roh giftg, nach längerem Erhitzen schmackhaft · *venenosa cruda, sabrosa calentada*

Rötlingsweg · Vía Entoloma

Genau gegenüber vom Eingang zur Pared Vieja auf der anderen Straßenseite gibt es zwei Wege. Der etwas abwärts gelegene ist der Camino Real, bald ist er absteigend, ein Wanderweg durch den Wald, der an der Stelle noch als Pilzwald gelten kann. Im oberen Teil ist es ganz interessant für Pilze. Die andere Piste bietet auf etwa einen Kilometer viele verschiedene Rötlingsarten (*Entoloma*). Da sie keinen Namen hatte (nur ein Wanderwegschild), taufte ich sie Rötlingsweg. Rechts der Piste gibt es auf fast der ganzen Länge eine erhöhte Böschung, und aus der sprießen die Pilze. Zum Schluss führt die Piste zu bestellten Feldern und wird für Pilzwachstum uninteressant, aber kurz davor auf der rechten Seite gibt es einen schönen Laurisilvabestand mit Arten, die in der fast immer feuchten Laubschicht wachsen. Man ist an der richtigen Stelle, wenn man dort auf ein altes ruinöses Haus trifft, das einmal für Jugendtreffen gedacht war. Auf dem Rückweg kann man auch nach rechts unten gucken, wo aber selten einmal interessante Pilze standen, und wo es ziemlich steil bergab geht.

Die beste Zeit für ein reiches Artenvorkommen ist dort die zweite Hälfte des Novembers.

Justo enfrente de la entrada a Pared Vieja, al otro lado de la carretera, hay dos caminos. El que está un poco más abajo es el Camino Real, una ruta de senderismo a través del bosque, que todavía puede considerarse un bosque de setas en este punto; la parte superior es bastante interesante para las setas. El otro camino ofrece muchas especies diferentes de Entoloma en una distancia de aproximadamente un kilómetro. Como no tenía nombre (pero sí una señal de sendero), lo bauticé Vía Entoloma. A la derecha de la pista hay un terraplén elevado en casi toda su longitud, y de él brotan setas. Hacia el final, la pista conduce a campos cultivados y deja de ser interesante para el crecimiento de setas, pero justo antes, a mano derecha, hay un hermoso rodal de laurisilva con especies que crecen en la capa de hojas, casi siempre húmeda. Se está en el lugar adecuado cuando se encuentra una vieja casa en ruinas que en su día se utilizó para reuniones juveniles. En el camino de vuelta, también puedes mirar hacia abajo a la derecha, donde rara vez había setas interesantes y donde el camino desciende con bastante pendiente.

La mejor época para encontrar muchas especies es la segunda quincena de noviembre.

Entoloma serrulatum

Entoloma atrocoeruleum

Entoloma bloxamii, Blauer Rötling, Speisepilz · Seta comestible (seta azul)

Entoloma chalybescens

Entoloma conferendum

Entoloma gomerense

Camino real

Cumbre Vieja

Um einmal die Richtung zu wechseln und neues Gelände zu erforschen, kann man nach 1,5 km den kleinen Rundverkehr benutzen und nach links abbiegen. Aber langsam ranfahren, der kleine Kreis ist sehr klein und schnell zu übersehen. Der Weg ist ein bisschen holperig, mit Vorsicht aber gut befahrbar, und heißt Pista el Cabrito, wenn das Schild noch da ist. Nach einem knappen Kilometer beginnt rechts ein großer Bestand an Laurisilva, hier hauptsächlich bestehend aus Baumheide, wo im März die Morcheln zu finden sind. Im Folgenden wechselt die Pflanzenwelt oft, hauptsächlich gibt es Laubgewächse wie Bergminze, Johanniskraut und dann ganz große Bestände von Zistrosen (*Cistus symphytifolius*), einer guten Mykorrhizapflanze mit vielen Begleitpilzen. Ungefähr nach einem Kilometer kommen natürliche Freiflächen im Zistrosenbestand, die gut für ein Picknick geeignet sind oder um in aller Ruhe und bei gutem Licht zu fotografieren. Die Gegend ist so ausgedehnt, dass sich ein ganzer Tag dort verbringen lässt. Zurück, und dann vom Rundverkehr aus bergauf sind es wenige Meter zum Zistrosenweg.

Para cambiar de dirección y explorar nuevos terrenos, puede utilizar la pequeña rotonda a 1,5 km y girar a la izquierda. Pero conduzca despacio, el pequeño círculo es muy pequeño y es fácil pasarlo por alto. La carretera está un poco bacheada, pero es fácil circular por ella con precaución y se llama Pista el Cabrito si el cartel sigue ahí. Después de poco menos de un kilómetro, comienza a la derecha un gran rodal de laurisilva, formado principalmente por brezo arbóreo, donde se pueden encontrar colmenillas en marzo. A continuación, la flora cambia con frecuencia, con plantas principalmente caducifolias, como la menta de montaña, la hierba de San Juan y, después, grandes rodales de jara (Cistus symphytifolius), una buena planta micorrícica con muchos hongos acompañantes. Después de aproximadamente un kilómetro, hay espacios naturales abiertos en el rodal de jaras que son ideales para un picnic o para tomar fotos con tranquilidad y buena luz. La zona es tan extensa que se podría pasar allí un día entero. De vuelta, y en subida desde la rotonda, sólo hay unos metros hasta el camino de las jaras.

Zistrosenweg · Camino de la Jara

Zurück von der Cumbre Vieja, gleich, wenn man aus dem kleinen Rundverkehr kommt und wieder bergauf fährt, sieht man links etwas erhaben auf einem Hügel ein verwahrlostes Haus, wo vielleicht auch ein paar schmächtige Jagdhunde herumliegen, die aber nichts tun. Gegenüber auf der rechten Seite geht ein Weg ab, dessen Besonderheit ist, dass es dort tatsächlich nur Zistrosen *(Cistus symphytifolius)* gibt, einen reinen Bestand. Natürlich findet man dann auch Cistus-Begleiter und hat die Bestätigung, dass der schuppenstielige Ritterling *Tricholoma focale var. pseudocaligatum* wirklich ohne Kiefer vorkommt. In einem Jahr trat er hier als Massenpilz auf. Auch ein paar Risspilze waren vertreten und typische Röhrenpilze wie auch Edelreizker.

So ähnlich sah es dort eine Zeitlang aus, aber dann hat man einmal alles ratzekahl gerodet, aber zum Glück ist die Pflanze widerstandsfähig und wächst wieder nach.
Nach einem knappen Kilometer ist rechts der Einstieg zum Hoyo del Rehielo.

De vuelta de la Cumbre Vieja, nada más salir de la pequeña rotonda y conducir de nuevo cuesta arriba, verá a la izquierda una casa descuidada, algo elevada sobre una colina, en la que tal vez haya algunos esbeltos perros de caza tumbados, pero sin hacer nada. Enfrente, a mano derecha, sale un camino cuya particularidad es que en realidad sólo hay jaras (Cistus symphytifolius), un rodal puro. Por supuesto, también encontrará algunos compañeros de Cistus y tendrá la confirmación de que el Tricholoma focale var. pseudocaligatum se da realmente sin pinos. Un año apareció aquí en grandes cantidades. También había algunas setas Inocybe así como las setas tubulares típicas y níscalos.

Durante un tiempo tuvo este cariz, pero luego lo talaron todo, pero afortunadamente la planta es resistente y vuelve a crecer.
Tras algo menos de un kilómetro, la entrada al Hoyo del Rehielo está a la derecha.

Leccinum corsicum , Cistus-Rauhfuß, Speisepilz / Boleto de jara, Seta comestible

Tricholoma focale var. pseudocaligatum

Lactarius deliciosus, Edelreizger, Speisepilz · níscalo, seta comestible

Hoyo del Rehielo

2 **23** 732 E, 31 **67** 923 N. Einen Kilometer weiter ist rechts eine verfallene Holzhütte. Dort lässt sich direkt parken. Rechts und links des kurzen Weges Laurisilvabestand und am Ende eine Treppe, die in die oberen Regionen führt, wo Kiefernwald beginnt. Nun ist man auf einem gepflegten Wanderweg und kann zu beiden Seiten in den Wald sehen, der großen Artenreichtum aufweist. Es gibt Stellen, wo die Raslinggattung *Lyophyllum* mit verschiedenen Arten vertreten ist, darunter auch eine weltweit neue *(Lyophillum infidum)*.

Lyophillum infidum (Dähncke, Contu & Vizzini)

Raslinge sind keine sehr aromatischen Speisepilze, dienen aber gut zu Rezepten, wo es auf Aroma nicht ankommt, z.B. zum Einlegen in Essig oder zu meinem „Meisterwerk", imitierte Schwedenhappen (S. 75). Der Weg verläuft parallel zur Landstraße und führt bis zu einem großen freien Platz mit Grillhäusern, die auch willkommen sind, wenn das Wetter mal nicht mitspielen will. Dort kann man dann aber umkehren, um durch den an der Straße gelegenen Waldteil zurück zum Auto zu gehen. Nach 500 m kommt dann das Biotop Märchenwald.

*2 **23** 732 E, 31 **67** 923 N. Un kilómetro más adelante, verá una sencilla cabaña de madera a la derecha. Se puede aparcar directamente allí. A la derecha y a la izquierda del corto sendero hay laurisilva y al final una escalera que conduce a las regiones superiores donde comienza el pinar. Ahora se encuentra en una ruta de senderismo en buen estado y puede ver el bosque a ambos lados, que es muy rico en especies. Hay lugares donde el género Lyophyllum de los rasling está representado por varias especies, incluida una que es nueva en el mundo. Los rasling no son setas comestibles muy aromáticas, pero son buenas para recetas en las que el sabor no es importante, por ejemplo, para encurtir en vinagre o para mi „obra maestra", la imitación de los bocados suecos (S. 74). El sendero discurre paralelo al camino rural y conduce a un gran espacio abierto con cabañas para hacer barbacoas, que también son bienvenidas si el tiempo no acompaña. Después se puede dar la vuelta y volver andando al coche por la zona arbolada junto a la carretera. Tras 500 metros se llega al biotopo de Bosque de Maravillas.*

Hoyo del Rehielo in der Wolke ... · En la nube

Hoyo del Rehielo im Sonnenschein · ... y bajo el sol

Diese Gegend, meist mit Strauchwuchs, wird „Klein Peru“ genannt, sie reicht etwa von der Höhe der Finca bis zum Rötlingsweg.
„La Malgarida“ ist ein besonderes Teilgebiet der Gegend.

Esta zona, en su mayor parte con arbustos, se llama „Pequeño Perú“. Se extiende desde aproximadamente la altura de la finca hasta por debajo de la altura de la Vía entoloma. “La Malgarida” es una parte especial de la zona.

Klein Peru · Pequeño Perú

Das Foto unten ist die Gegend Pajonales gegenüber des Parkplatzes an der verfallenen Holzhütte, (Ausgangspunkt unseres Spaziergangs zum Hoyo de Rehielo), das ist unterhalb des Märchenwaldes.

La foto de abajo es la zona de Pajonales, frente al aparcamiento de la cabaña de madera, punto de partida de nuestro paseo hasta el Hoyo de Rehielo, esto está debajo del Bosque de Maravillas.

Märchenwald · Bosque de Maravillas

2 **23** 440 E, 31 **67** 916 N. Vom Einstieg aus, wo das Auto steht, fährt man nur um die Rechtskurve herum und ein Stückchen weiter, dann gibt es dort bei dem Hinweisschild Hoyo del Rehielo guten Parkplatz für mehrere Autos. Das Gebiet rechts kennen wir ja schon und wenden uns nun der anderen Straßenseite zu. Schon der Kiefernwald an der Straße bietet viele Pilzarten. Ein paar Meter weiter geht eine Piste links hinein, wo gleich ein kleiner Barranco mit konstanter Feuchtigkeit für Überraschungen sorgt. Ich habe dieses Biotop Märchenwald getauft, da es keinen Namen hatte, mir aber sehr märchenhaft vorkam.

Verfolgt man die Piste, ist man beim Überschreiten des kleinen Barranco bei einigen Metern Zistrosen zu beiden Seiten des Weges, an denen interessante Arten wachsen. Dann folgt wunderbarer Kiefernwald, gut begehbar, und links ein Stück weiter drinnen mit Lichtungen und Holzplätzen, die immer reiches Pilzvorkommen bieten. Ein Jahr trat dort der Kaffebraune Gabeltrichterling *(Pseudoclitocybe cyathiformis)* als Massenpilz auf, aber auch

Pseudoclitocybe cyathiformis

Blutreizker lassen sich dort finden und ganz besonders viele Bestände an *Galerina marginata*, dem giftigen Doppelgänger des Stockschwämmchens.

Bei Verfolgung des Weges, der im Ganzen nicht länger ist als vielleicht 150 m, kommt wieder ein interessanter kleiner Barranco, aber dort kann man umkehren oder einen Rundgang durch den linken Waldteil machen und kommt dann wieder zu dem großen Holzplatz. Diese ganze Waldpartie

*2 **23** 440 E, 31 **67** 916 N. Desde la entrada, donde está aparcado el coche, basta con girar la curva a la derecha y un poco más adelante, entonces hay un buen aparcamiento para varios coches en la señal de Hoyo del Rehielo. Ya conocemos la zona de la derecha y ahora pasemos al otro lado de la carretera. El pinar que bordea la carretera ya ofrece muchas especies de setas. Unos metros más adelante, una pista a la izquierda se adentra en el bosque, donde un pequeño barranco con humedad constante causa sorpresas. Llamé a este biotopo Bosque de Maravillas porque no tenía nombre pero me parecía muy de cuento de hadas. Si sigues la pista, cuando cruces el pequeño barranco, encontrarás unos metros de cistus a ambos lados del camino, donde crecen especies interesantes. Le sigue un maravilloso pinar, fácil de recorrer y un poco más a la izquierda con claros y zonas boscosas siempre ricas en setas. Un año, el Pseudoclitocybe cyathiformis apareció allí en grandes cantidades, pero también se pueden encontrar níscalos y, sobre todo, muchos rodales de Galerina marginata, el doble venenoso de la esponja de palo.*

Si se sigue el sendero, que no tiene más de 150 metros en total, se llega a otro pequeño barranco interesante, pero se puede volver allí o tomar una ruta circular por la parte izquierda del bosque y luego regresar al bosque grande. Toda esta sección del Bosque de Maravillas es llana antes de que el terreno se eleve después

Galerina marginata, giftig · tóxico

des Märchenwaldes liegt flach vor dem dann ansteigenden Gelände und weist wohl deshalb mehr Feuchtigkeit auf, was das reiche Vorkommen der Pilze erklärt. Zum nächsten Biotop Llano la Mosca sind es 1,5 km.

y probablemente tenga más humedad, lo que explica la abundancia de setas. El siguiente biotopo, Llano la Mosca, se encuentra a 1,5 kilómetros.

Llano la Mosca

2 **23** 095 E, 31 **68** 191 N. Dieses Biotop 1,5 km weiter ist leicht zu finden, da es mit einem Schild ausgezeichnet ist. Parken lässt sich dort im Wald. Interessant ist vor allem der vordere an der Straße gelegene Teil, weiter drinnen geht es steil bergab und bergauf, und man sieht von der Piste aus kaum Pilze. Ein besonderer Platz befindet sich nach etwa 400 m, wo sich rechts auch gut parken lässt, und wo zwei schmale Wege beginnen. Dort habe ich ganz besondere Arten gefunden, zum Beispiel Riesenexemplare von *Gymnopilus spectabilis*, ein Riesenflämmling, und den Grünblättrigen Schwefelkopf, *Hypholoma fasciculare (beide nicht essbar)*. Auf dem unteren der Wege ist nach etwa 100 m eine breite Feuerschneise. Würde man sie überqueren, befände man sich schon im oberen Teil von El Pilar. Möchten Sie einmal eine Ausnahme machen und nur durch die schöne Landschaft laufen oder fahren, dann sind Sie hier richtig. Im Mai/Juni blühen üppige Pflanzen am Wegesrand, Sie kommen an Hügeln vorbei, treffen auf Wanderer, und zum Schluss sind Sie auf einem großen, lichten Gelände, wo ein verlassenes Gebäude daran erinnert, dass sich hier Jugendliche zu Veranstaltungen treffen sollten. Ein guter Platz für ein Picknick.

Gymnopilus spectabilis

Hypholoma fasciculare

*2 **23** 095 E, 31 **68** 191 N. Es fácil encontrar este biotopo 1,5 km más adelante, ya que está señalizado con un cartel. Se puede aparcar en el bosque. La parte delantera a lo largo de la carretera es particularmente interesante, más adentro es abruptamente cuesta abajo y cuesta arriba, y apenas se ven setas desde la pista. Hay un lugar especial después de unos 400 metros, donde se puede aparcar a la derecha y donde comienzan dos senderos estrechos. Allí encontré algunas especies muy especiales. por ejemplo, ejemplares gigantes de Gymnopilus spectabilis y Hypholoma fasciculare (ambos no comestibles). En el más bajo de los dos senderos, tras unos 100 metros se llega a un cortafuegos amplio. Si lo cruzaras, ya estarías en la parte alta del área recreativa de El Pilar. Si desea hacer una excepción y simplemente pasear a pie o en bicicleta por el hermoso paisaje, éste es su lugar. En mayo/junio, las frondosas plantas florecen al borde del sendero, pasas por colinas, te encuentras con excursionistas y acabas en una gran zona abierta donde un edificio abandonado te recuerda que los jóvenes solían reunirse aquí para celebrar eventos. Un buen lugar para un picnic.*

PISTA LLANO LA
MOSCA·SIN SALIDA

Cumbre Nueva

2 **23** 006 E, 31 **68** 436 N. Ein paar Meter weiter ist eine Linkskurve zum Erholungsplatz El Pilar, rechts der befahrbare Kammweg auf der Cumbre Nueva. Davor gute Parkmöglichkeit.

Ich selbst fahre diese Piste immer etwa einen Kilometer hinein bis zu einer Ausbuchtung links, wo man gut parken kann. Es ist die Stelle, wo die Hochspannung diesen Gebirgszug von Ost nach West überquert. In dieser Gegend finden sich viele Arten. Direkt dort, wo das Auto steht, gibt es im Zistrosengebüsch schon die ersten Pilze und ein paar Meter hinab zwischen einigen Kiefern Arten, die ich nur dort gefunden habe. Auf der anderen Seite der Piste, wo unter den Kabelzügen eine Feuerschneise geschaffen wurde, gibt es auf den Pflanzenresten entsprechende Pilze. Dort kann man auch in den Kiefernwald eintreten und parallel zur Piste Ausschau halten. Die Piste selbst ist besonders auf der linken Seite von Zistrosen *(Cistus symphytifolius)* begleitet und bietet den Hauptbestand des schönen Fliegenpilzes in gelber Form *(Amonita muscaria)*. Nach etwa 100 m gibt es rechts und links schmale, kurze Wegabzweigungen. Der rechte Weg führt durch Laurisilva mit dicker Laubschicht. Kleine Zistrosengruppen am Wegesrand haben ihre Begleitpilze wie z.B. die Form vom Pappelritterling *(Tricholoma populinum)*, die auch ohne Pappel erscheinen kann.

*2 **23** 006 E, 31 **68** 436 N. Unos metros más adelante hay una curva a la izquierda hacia el área recreativa El Pilar, a la derecha la senda transitable de la Cumbre Nueva. Delante hay un buen aparcamiento.*

Siempre recorro esta pista durante un kilómetro hasta llegar a un saliente a la izquierda donde es fácil aparcar. Aquí es donde la línea de alta tensión cruza esta cumbre de este a oeste. Hay muchas especies a lo largo de esta ruta. Justo donde está aparcado el coche, ya hay las primeras setas en los arbustos de cistus y unos metros más abajo entre unos pinos especies que sólo he encontrado allí. Al otro lado de la pista, donde se ha creado un cortafuegos bajo los cables, hay las correspondientes setas en los restos vegetales. También puedes adentrarte allí en el pinar y vigilar en paralelo a la pista. La pista en sí está acompañada de cistus (Cistus symphytifolius), sobre todo en el lado izquierdo, y ofrece la principal población del hermoso matamosca amarillo (Amanita muscaria). Después de unos 100 metros hay bifurcaciones estrechas y cortas a derecha e izquierda. El camino de la derecha conduce a través de laurisilva con una espesa capa de follaje. Pequeños grupos de cistus a lo largo del sendero tienen sus setas acompañantes, como el Tricholoma populinum, que también puede aparecer sin álamos.

Amanita muscaria var. formosa, giftig · seta tóxica

Tricholoma populinum f. campestre

Das ganz Besondere an diesem artenreichen Biotop ist, dass hier im Dezember auch einmal Temperaturen unter null auftreten, die günstig für den schmackhaften Schwarzfaserigen Ritterling (*Tricholoma portentosum*) sind, der nur dort vorkommt. Im Mai/Juni blüht es wild und schön, und wenn Sie sich mal bei der Pilzsuche verspäten, haben Sie einen herrlichen Ausblick auf den Sonnenuntergang.

Lo más especial de este biotopo rico en especies es que a veces se dan temperaturas bajo cero en diciembre, lo que es favorable por la sabrosa capuchina (Tricholoma portentosum), que sólo se da aquí. En mayo/junio florece salvaje y bellamente, y si llegas tarde a la caza de setas, tendrás una maravillosa vista de la puesta de sol.

Tricholoma portentosum, Speisepilz · seta comestible

Purpur-Zwergchampignon · champiñón enana purpura
Agaricus purpurellus, Speisepilz · seta comestible

El Pilar

2 **22** 760 E, 31 **68** 390 N. Dieser Grill- und Erholungsplatz verdient einen ganzen Tag. Der Kiefernwald ringsherum bringt viele Arten hervor, nach meinen Aufzeichnungen 180 Spezies. Und schließlich kann man ja auch mal grillen und sich ein bisschen erholen.

*2 **22** 760 E, 31 **68** 390 N. Esta zona de barbacoa y recreo merece un día entero. El pinar de los alrededores alberga muchas especies, 180 según mis anotaciones. Y por último, se puede hacer una barbacoa y relajarse un poco.*

Es gibt viele Parkmöglichkeiten, da El Pilar auch der Ausgangspunkt für die Vulkanwanderung bis Fuencaliente ist. Kiefernbegleiter und Interessantes bei Zistusgebüsch überraschen.

Hay muchos sitios para aparcar, ya que El Pilar es también el punto de partida de la ruta de los volcanes que lleva hasta Fuencaliente. Los pinos acompañantes y los interesantes arbustos de cistus te sorprenderán.

An den bemoosten Stämmen alter Kiefern findet man Helmlinge *(Mycena)*, und besonders auch um den Stamm herum dicht aus dem Boden sprießend und den Wurzeln folgend.

Los mycenas pueden encontrarse en los troncos musgosos de los pinos viejos, y especialmente alrededor del tronco, brotando densamente del suelo y siguiendo las raíces.

Mycena epipterygia var. atroviscosa

Lepiota ignicolor

An der Straße entlang gibt es eine im November grüne Lichtung mit ganz besonderen

Junto a la carretera hay un claro que reverdece en noviembre con setas muy especiales como

Pilzen wie Rötlingen, Becherlingen, Raslingen, Risspilzen und auch die nicht häufige *Lepiota ignicolor*

entoloma, peziza, lyophyllaceae, inocybe y también la no muy común Lepiota ignicolor.

Russula turci, Speisepilz / seta comestible

El volcán causó grandes daños a estos bosques de setas en 2021. Una gruesa capa de ceniza cubrió el suelo y sofocó toda vida. En 2023, ya se había formado un nuevo suelo forestal con la hojarasca de las agujas de los viejos pinos, pero no había aparecido ni una sola seta, Se espera que lleguen en 2024. Las setas son muy resistentes, así que esperamos que se conserve la abundancia de setas que hay y que pronto podamos volver a disfrutar de ellas. Quizás la capa de ceniza sea incluso beneficiosa para el crecimiento de las setas, ya que la humedad se conserva durante más tiempo. Estas son algunas de las especies comestibles: Russula turci, rusula de olor a yodo, está presente en grandes cantidades y aparece no sólo a ambos lados de la carretera cerca de El Pilar, sino también en el Hoyo del Rehielo y enfrente,

Der Vulkan hat 2021 großen Schaden in diesen Pilzwäldern angerichtet. Eine dicke Ascheschicht bedeckte den Boden und erstickte alles Leben. Bis 2023 hatte sich mit der Nadelstreu der alten Kiefern schon ein neuer Waldboden gebildet, aber es ist kein einziger Pilz erschienen, voraussichtlich 2024 kommen sie zurück. Pilze sind sehr widerstandsfähig, und so hoffen wir, dass auch der dortige Pilzreichtum erhalten bleibt und wir bald wieder unsere Freude haben können. Vielleicht ist die Aschezwischenschicht sogar vorteilhaft für das Pilzwachstum, da Feuchtigkeit länger erhalten bleibt. Hier einige der essbaren Sorten: Der Jodoformtäubling, *Russula turci*, ist tatsächlich als Massenpilz vertreten und erscheint nicht nur auf beiden Straßenseiten bei El Pilar, sondern auch im Hoyo del Rehielo und gegenüber im

Russula aurata, Speisepilz · seta comestible

en el Bosque de Maravillas. Siempre crece en pequeños grupos. Es fácil de reconocer por el olor a yodo de la base del tallo, que se desvanece cuando se cocina. También he encontrado la rusula dorada, Russula aurata, una seta de buen sabor en El Pilar, siempre en el mismo sitio con pinos. Un tipo de russula más pelirroja aparece con pocos ejemplares, pero tiene placas de sabor acre, por lo que difícilmente es una seta comestible. Puede probarla.

La seta verde, Stropharia aeruginosa, suele crecer en agrupaciones y tiene un sabor fresco, ligeramente parecido al del rábano. Conviene retirar el piel de sombrero inmediatamente para evitar que se pegue a las partículas de tierra y conservar las setas limpias por separado. En lel lado de las parrilleras descubrí una especie con placas de co-

Stropharia aeruginosa, Speisepilz · seta comestible

Märchenwald und bei Pared vieja. Er wächst immer in kleinen Gruppen. Am Jodgeruch der Stielbasis, der bei der Zubereitung vergeht, ist er leicht zu erkennen. Auch den Goldtäubling, *Russula aurata*, habe ich in El Pilar gefunden, bei Kiefern immer an der gleichen Stelle. Eine mehr rothütige Täublingsart erscheint mit wenigen Exemplaren, hat aber scharf schmeckende Lamellen und ist daher kaum ein Speisepilz. Man kann ihn probieren. Häufig trifft man auf den Grünspanträuschling, *Stropharia aeruginosa*, der in Grüppchen wächst und einen frischen, leicht rettichartigen Geschmack hat. Die Huthaut zieht man am besten gleich ab, um ein Verkleben mit Erdpartikeln zu vermeiden, und bewahrt die sauberen Pilze gesondert. Auf der Seite mit den Grillhäusern habe ich eine Art mit orangefarbigen Lamellen entdeckt und als neu publiziert. Diese Gruppe wuchs nur wenig abge-

Stropharia aeruginosa fm. azafranoides, Dähncke

Lyophyllum griseopruinatum, Speisepilz · seta comestible

lor naranja y la publiqué como nueva. Este grupo crecía sólo ligeramente separado de la forma normal, pero también encontré algunos ejemplares lejos del Bosque de Maravillas, que crecían aquí por su cuenta sin la forma normal cerca.

Lyophyllum decastes

A los lados de las parrillas, hay varios parches de grupos Lyophyllum, abarrotados con hasta 50 ejemplares. Hay varias especies, pero todas tienen el mismo valor comestible. Algunos de ellos también ennegrecen cuando se les hiere o cuando se les roza, pero también son comestibles. La seta no tiene un sabor particular, pero puede utilizarse como seta mixta y es muy adecuada para las setas conservadas en vinagre o para...

„Mi obra maestra":
Cuando aún vivía en Lübeck, me compraba a menudo SCHWEDENHAPPEN. Estaban tan buenos que se me hacía la boca agua sólo de pensar en ellos. Cuando me mudé a la Selva Negra, no los encontraba en ningún sitio y pensé: lo que pueden hacer con arenques, yo también lo puedo hacer con setas, y creé una receta fabulosa. Se nota que a la gente le encanta porque todo el mundo me pide la receta. Aquí está: Para un kilo de Lyophillum (es mejor coger dos kilos), se ponen 500 g de azúcar en un bol más grande. No hay que equivocarse, de lo contrario no será una obra maestra. Añadir los aros de cebolla, una cucharadita de sal, una o dos hojas de laurel, unos granos de pimienta, tres cucharadas de granos de mostaza y -esto tampoco es

sondert von der normalen Form, aber auch weit entfernt vor dem Märchenwald habe ich ein paar Exemplare angetroffen, die hier alleine wuchsen, ohne die normale Form in der Nähe.

Auf der Seite der Grillhäuser gibt es verschiedene Stellen mit Raslingsgruppen, *Lyophyllum*, gedrängt bis zu 50 Exemplaren. Es handelt sich um mehrere Arten, aber der Speisewert ist bei allen gleich. Einige schwärzen auch an Verletzungen oder beim Darüberstreichen, auch sie sind essbar. Der Pilz hat kein besonderes Aroma, ist aber als Mischpilz brauchbar und sehr geeignet für Pilze in Essig haltbar gemacht oder für ...

„Mein Meisterstück":

Als ich noch in Lübeck wohnte, kaufte ich mir des Öfteren SCHWEDENHAPPEN. Die waren so was

un error- dos cucharadas de pimienta de clavo, que son granos de pimienta de Jamaica molidos, o clavo molido si es necesario. Hervir las setas cortadas en trozos grandes (dejar las jóvenes enteras) en abundante agua, y luego lavarlas en abundante agua fría para evitar que se vuelvan viscosas después. Hervir las setas en vinagre puro, dejar enfriar y escurrir. Añadir al azúcar y las especias y mezclar bien, verter en un recipiente de cristal adecuado y guardar en el frigorífico. Al cabo de unos días, se habrá formado una salsa sazonadora que debería cubrir las setas. Si no lo hace, añada un poco de vinagre. Ahora las setas están listos y debería probar uno enseguida en un bocadillo pequeño. Por cierto, las setas encurtidas de esta forma se conservan durante semanas o meses, y cuando se comen todos, el

von gut, dass mir schon beim Gedanken daran das Wasser im Munde zusammenlief. In den Schwarzwald umgesiedelt, fand ich sie dort nirgends und dachte mir, was die mit Heringen können, das kann ich auch mit Pilzen, und kreierte ein sagenhaftes Rezept. Dass es die Leute begeistert, sehe ich schon daran, dass alle um das Rezept bitten. Hier ist es:

Auf ein Kilo Raslinge (am besten nehmen Sie gleich zwei Kilo) 500 g Zucker in eine größere Schüssel geben. Das ist kein Irrtum, anders wird es kein Meisterstück. Dazugeben Zwiebelringe, einen Teelöffel Salz, ein bis zwei Lorbeerblätter, ein paar Pfefferkörner, drei Esslöffel Senfkörner und – auch das ist kein Irrtum – zwei Esslöffel Nelkenpfeffer, das sind gemahlene Pimentkörner, oder notfalls gemahlene Nelken. Die in grobe Stücke geschnittenen Pilze, die jungen lässt man ganz, in reichlich Wasser einmal aufkochen, dann in viel kaltem Wasser waschen, damit sie später nicht schleimig werden. Die Pilze dann in reinem Essig durchkochen und darin auskühlen lassen, abgießen. Zum Zucker und zu den Gewürzen geben und alles miteinander gut mischen, in einen entsprechenden Glasbehälter füllen und im Kühlschrank aufbewahren. Nach ein paar Tagen hat sich ein Würzsud gebildet, der die Pilze bedecken sollte. Wenn er das nicht tut, ein bisschen Essig nachfüllen. Jetzt sind die Pilze fertig und Sie sollten gleich einen auf einem kleinen Butterbrot probieren. Übrigens die Pilze halten sich wochen- und monatelang, und wenn alle verzehrt sind, ist der übrige Aromasud eine hervorragende haltbare Würze für Rotkohl. Probieren Sie mal.

caldo aromatizado que queda es un excelente condimento de larga duración para la lombarda. Pruébalo.

El chef de un canal de televisión quedó tan cautivado por esta experiencia gustativa única que hizo una película sobre ella.

En el lado de las parrillas hay un montón de

Lepista nuda, essbar · seta comestible

Cystoderma terrein=Cystodermella cinnabarina, essbar · seta comestible

Der Chefkoch eines TV-Senders war so hingerissen von dem einmaligen Geschmackserlebnis, dass er einen Film darüber drehte.

Auf der Seite mit den Grillhäusern gibt es einen Steinhaufen, auf dem jedes Jahr standorttreu der Nackte Ritterling, *Lepista nuda*, kam. Wegen der Farbe sind junge Fruchtkörper hübsch in Essigpilzen, sonst ist er gut als Mischpilz.
Vieler Palmeros liebste Pilze sind die Nacidas, *Rhizopogon obtextus*, Gelbliche Wurzeltrüffel. Sie sind mit keinem Giftpilz zu verwechseln und werden mit Wonne und gut gewürzt genossen. Ich konnte mal eine Kostprobe nehmen und stieß auf viel Knoblauch, schmeckte ganz nett, aber nicht nach Pilz. Leider wird der Waldboden zur Suche manchmal mit Harken und Hacken bearbeitet, was ihm nicht guttut.

piedras donde todos los años se encuentra la seta Lepista nuda. Por su color, los ejemplares jóvenes son bonitos en las setas en vinagre, por lo demás es buena como seta mixta.

Las setas favoritas de muchos palmeros son las nacidas, Rhizopogon obtextus. No hay que confundirlas con ninguna seta venenosa y se comen con fruición y bien condimentadas. Una vez me dio por probarlas y me encontré con un montón de ajos, sabían bien, pero no como una seta. Por desgracia, a veces se rastrilla y azada el suelo del bosque para encontrarlas, lo que no es necesariamente bueno para la tierra.

Rhizopogon obtextus, Speisepilz · seta comestible

El Riachuelo

2 **21** 632 E, 31 **74** 017 N. Der Name deutet auf ein Flüsschen hin, und tatsächlich kann bei starkem Unwetter das Wasser hier bergabströmen und ein tiefes Flussbett schaffen. Ein sehr interessantes Gebiet durch Bodenbeschaffenheit und durch unterschiedlichen Bewuchs. Bei dem an der Landstraße liegenden Besucherzentrum La Caldera (mit botanischem Garten) biegt man von der Cumbre kommend rechts ab, kommt man von Los Llanos, ist es kurz vor dem Zentrum links. Nach etwa 500 m geht es rechts zum Aussichtspunkt Cumbrecita, und das ist die Zufahrt zum Pilzgebiet. Schon nach einer kurzen Strecke lässt sich rechts eine breite Sandpiste in den flach gelegenen Kiefernwald hineinfahren, dort parken. Es gibt auch einige Eukalyptusbäume, schon dort lohnt sich die Suche, denn die Schicht abfallender Baumrinde hält die Feuchtigkeit im Boden. Hauptsächlich treffen wir hier die Kanarische Kiefer an mit ihren langen Nadeln. Hier ist auch ein beliebtes Gebiet für Spaziergänge mit Hunden.

Wo dann rechts die Mandelbäume anfangen, kommt regelmäßig die kleine *Contumyces vesuvianus*, in der leuchtenden Farbe von Orangen-

Contumyces vesuvianus

*2 **21** 632 E, 31 **74** 017 N. El nombre sugiere un pequeño río, y de hecho el agua puede fluir cuesta abajo aquí durante las fuertes tormentas y crear un cauce profundo. Se trata de una zona muy interesante por las condiciones del suelo y los diferentes tipos de vegetación. En el centro de visitantes de La Caldera (con jardín botánico), en la carretera principal, gire a la derecha viniendo de la Cumbre; si viene de Los Llanos, gire a la izquierda justo antes del centro. Después de unos 500 metros, gire a la derecha hacia el mirador de la Cumbrecita, que es el camino de acceso a la zona de las setas. A poca distancia, una ancha pista arenosa a la derecha conduce al pinar llano, donde es fácil aparcar. También hay eucaliptos en la zona. También merece la pena buscar allí, ya que la capa de corteza caída de los árboles mantiene la humedad en el suelo. Aquí encontramos principalmente pinos canarios con sus agujas largas. También es una zona popular para pasear con perros . Donde*

schale ist sie nicht zu übersehen. Im daran anschließenden Kiefernwald gab es Jahre mit Blutreizkern in Massen. Es ist ein ausgesprochenes Blutreizkergebiet.

comienzan los almendros a la derecha, es habitual ver el pequeño Contumyces vesuvianus, con su brillante color de piel de naranja. En el pinar que sigue ha habido años con masas de níscalos. Es una zona especial para estas setas.

Es gibt ihn in mehreren Arten, die sich sehr ähneln und hauptsächlich durch die Umfärbung der „Milch" zu unterscheiden sind.

Lactarius deliciosus (Lge.) Gray
Vorkommen: bei Kiefern.
Milch: karottenrot, rasch mennigorange umfärbend, zuletzt graugrün, kaum bitter.

Lactarius deliciosus

Lactarius deterrimus

Existen varias especies muy parecidas que se distinguen principalmente por el cambio de color de la „leche".

Lactarius deliciosus (Lge.) Gray
Presencia: en los pinos.
Leche: de color rojo zanahoria, cambia rápidamente a rojo anaranjado y finalmente a gris verdoso, apenas amarga.

Lactarius deterrimus Gröger
(Syn. deliciosus var. piceus Smotl., var. picei Vass.)
Vorkommen: bei Kiefern
Mich: orange, langsam (30 Minuten) weinrot verfärbend, alt grünspanfarben, bitter und schwach brennend.

Lactarius salmonicolor Heim & Leclair
(Syn. subsalmoneus Pouz., salmoneus Heim et Lecl. non Peck)
Vorkommen: gefunden bei den kanarischen Kiefer, Pinus canariensis und nahe der Zistrosen, Cistus symphytifolius.
Milch: orangerot, rasch mennigrot, später weinbräunlich, aber nicht grünend.
Stiel: grubig.

Lactarius salmonicolor

Lactarius Sanguifluuss (Paulet: Fr.) Fries
Vorkommen: bei Kiefern und in reinem Laurisilvabestand (Lorbeer, Faya) auch ohne Kiefern.
Milch: sofort nach Anschnitt blutrot-dunkelrot-weinrot, nicht verfärbend, scharf, längere Zeit auf der Zunge brennend.

Lactarius deterrimus Gröger
(Syn. deliciosus var. piceus Smotl., var. picei Vass.)
Ocurrencia: en pinos
Leche: anaranjado, se vuelve lentamente (30 minutos) rojo vinoso, de color verdoso viejo, amargo y ligeramente ardiente.

Lactarius salmonicolor Heim & Leclair
(Syn. subsalmoneus Pouz., salmoneus Heim et Lecl. non Peck)
Ocurrencia: se encuentra en el pino canario, Pinus canariensis y cerca de las jaras, Cistus symphytifolius.
Leche: rojo anaranjado, rápidamente rojizo, más tarde pardo vinoso, pero sin reverdecer.
Pedúnculo: picudo.

Lactarius sanguifluuss(Paulet: Fr.) Fries
Ocurrencia: en pinos y en rodales puros de laurisilva (laurel, faya) también sin pinos.
Leche: rojo sangre-rojo oscuro-rojo vino inmediatamente después del corte, no decolorante, acre, ardiente en la lengua durante mucho tiempo.

Lactarius sanguifluuss

Alle rotmilchenden Reizker sind essbar, eignen sich aber nicht besonders zum Schmoren. Sie sollten flach in der Pfanne liegen und schnell gebraten werden, ohne Flüssigkeit zu bilden. Gut zum Grillen geeignet, mit etwas Olivenöl beträufelt und wenig Knoblauch gewürzt.

Todos los níscalos de leche roja son comestibles, pero no son especialmente adecuados para estofar. Deben quedar planos en la sartén y freírse rápidamente sin que formen líquido. Son buenos para asar, rociados con un poco de aceite de oliva y aromatizados con un poco de ajo.

Der flache Teil des Riachuelos bleibt länger feucht als anderes Gelände auf der Westseite, da einerseits die Feuchtigkeit nicht abfließt und andererseits Niederschläge der über die Cumbre quellenden Wolken für Frische sorgen. Sicher lassen sich manche einladenden Lichtungen finden für ein Picknick oder fürs Fotografieren.

Ein ganz anderer Teil des Riachuelo ist das Gebiet um die kleine Kapelle herum. Dort gibt es rechts einige Mandelbäume und einzeln stehende Esskastanien mit ihren Pilzen. Auch einen asphaltierten Weg mit vielen Kastanienbäumen: hinter der Kirche durch den Wald hoch, dann rechts (oder den Asphaltweg ein Stück unterhalb der Kirche rechts, am Ende links und noch mal links zurück Richtung Kapelle, dann sind Sie auf diesem Kastanienweg). Hinter der Kirche bergauf ist lichter Kiefernbestand, und wer kletterfreudig ist, kann weiter oben viele Steinpilze aufspüren.
Der Weg zur Kapelle (Ermita de la Virgen del Pino) ist leicht zu finden. Wenn man bei dem Besucherzentrum abgebogen ist und auf der Asphaltstraße nach ein paar hundert Metern rechts auf einige Häuser trifft, biegt man bei dem letzten nach rechts ab. Die Asphaltstraße voraus sieht man dann bald die Kapelle, wo reichlich Parkplätze vorhanden sind. Es lohnt sich, einen Blick in die Kapelle zu werfen, sie verfügt über schönen Wandschmuck.

La parte llana del Riachuelo permanece húmeda durante más tiempo que otros terrenos de la vertiente occidental, ya que por un lado la humedad no drena y por otro las precipitaciones de las nubes que ondean sobre la Cumbre aportan frescor. Seguramente encontrará algunos claros que invitan a hacer un picnic o a tomar fotografías.

El área alrededor de la pequeña ermita es una parte completamente diferente del Riachuelo. Hay algunos castaños solitarios con sus setas a la derecha. También hay un camino asfaltado con muchos castaños cerca: detrás de la iglesia subiendo por el bosque, luego girar a la derecha (o tomar el camino asfaltado un poco más abajo de la iglesia a la derecha, al final girar a la izquierda y luego otra vez a la izquierda de vuelta hacia la iglesia, entonces se está en este camino de castaños). Detrás de la iglesia, cuesta arriba, hay un bosque de pinos, y si eres un escalador puedes encontrar un montón de setas porcini más arriba, al menos yo he visto a gente bajando con cestas llenas. Desde allí puede subir hasta la cresta de la Cumbre nueva.

El camino a esta ermita (Ermita de la Virgen del Pino) es fácil de encontrar. Una vez que te has desviado en el centro de visitantes y te encuentras con unas cuantas casas a la derecha después de unos cientos de metros por la carretera asfaltada, gira a la derecha en la última. Más adelante, en la carretera asfaltada, pronto verá la iglesia, donde hay muchas plazas de aparcamiento. Merece la pena echar un vistazo al interior de la capilla, que tiene unas decoraciones murales muy bonitas.

Tacande

2 **20** 860 E, 31 **74** 017 N. Um auf der Westseite ein weiteres Pilzgebiet erforschen zu können, sei ein großes, unterschiedlich bewaldetes Gelände vorgestellt. Von der Cumbre herkommend, ist wieder das Besucherzentrum Bezugspunkt auf der rechten Straßenseite. Etwa 200 m danach ist rechts eine Einfahrt in die Ortschaft El Paso (C. El Pilar), Sie biegen dort gegenüber links ab in eine schmale Teerstraße (C. las Moraditas). Von Los Llanos kommend rechts abzweigen. Auf dieser Straße bleiben, an einzelnen Häusern vorbei und schon bald kommen Sie in bewaldete Zonen. Es lohnt, auf der ganzen Strecke immer mal einen Blick in den Wald zu werfen, der hier allerdings nicht sehr pilzreich ist. Und doch kann am Weg an feuchten Stellen Besonderes wachsen wie z.B. der Gelbliche Lacktrichterling (*Laccaria lutea*), den Marco Contu

Laccaria lutea

mit Begeisterung bestimmt hat, da er so selten ist, dass kaum an seine Existenz geglaubt wurde. Die Straße steigt dann an und da, wo sie in eine Sandpiste übergeht, werden Wald und offene Flächen interessant, es gibt viele Blutreizker und auch eine neue Pilzart (*Clitocybula striata*).
So schön, wie die Landschaft da oben ist und immer wieder durch Neues begeistert: Suchen Sie keine andere Abfahrt, das kann schwierig werden. Habe es nur einmal gemacht und nie wieder.

Clitocybula striata

2 20 860 E, 31 74 017 N. Para poder explorar otra zona de setas en el lado oeste, se presenta una amplia zona arbolada diferente. Viniendo de la Cumbre, el centro de visitantes es de nuevo el punto de referencia a la derecha de la carretera. Unos 200 metros más adelante hay una entrada al pueblo de El Paso (C. El Pilar) a la derecha, gire a la izquierda enfrente por una pequeña carretera asfaltada (C. las Moraditas). Viniendo de Los Llanos, gire a la derecha. Siga por esta carretera, pasando algunas casas, y pronto llegará a zonas boscosas. Merece la pena echar un vistazo al bosque de vez en cuando a lo largo de toda la ruta, aunque aquí no es muy rico en setas. Sin embargo, en los lugares húmedos del camino pueden crecer setas especiales, como el Laccaria lutea, que Marco Contu identificó con entusiasmo, ya que es tan raro que apenas se creía en su existencia. A continuación, la carretera sube y, donde se convierte en una pista arenosa, el bosque y las zonas abiertas se vuelven interesantes, hay muchos níscalos y también una nueva especie de seta (Clitocybula striata).
Por muy bonito que sea el paisaje de ahí arriba y siempre inspirador con algo nuevo: no busques otra bajada, puede ser difícil. Yo sólo lo he hecho una vez y nunca más.

Der Süden · En el sur

2 **21** 617 E, 31 **68** 782 N. Von Fuencaliente leicht ansteigend zur Cumbre gibt es nichts als Wald, aber nur in Senkungen, wo sich die Feuchtigkeit hält, lassen sich Pilze finden. Das ganze Gebiet ist sehr trocken, weshalb es auch schon oft Brände gegeben hat, die jedoch besonderen Arten ihr bevorzugtes Milieu geschaffen haben, so wie für die Morchel, die in den Jahren nach großen Bränden manchmal als Massenpilz kam.

Das Gebiet Llano de los Cestos ist eine große ebene Fläche mit lichtem Kiefernbestand, sonst ist das Gebiet hügelig.

Interessant für Kundige ist wohl der Gelbblättrige Schleierling *(Cortinarius aureifolius)*, der am Wegesrand bei dem Gebiet Llano de los Cestos erscheint. Picknickfreunde können den nahe der Ortschaft gelegenen Grillplatz nutzen, aber auch versteckt mitten im Wald gibt es eine ganz tolle Erholungsanlage (Fuente de Los Roques).

Cortinarius aureifolius

*2 **21** 617 E, 31 **68** 782 N. Desde Fuencaliente, en ligero ascenso hacia la cumbre, no hay más que bosque, pero las setas sólo se encuentran en las depresiones donde persiste la humedad. Toda la zona es muy seca, por lo que a menudo se han producido incendios, pero éstos han creado un ambiente propicio para especies especiales, como la colmenilla, que a veces aparece en gran cantidad en los años siguientes a grandes incendios.*

La zona del Llano de los Cestos es una gran llanura con un ralo rodal de pinos, por lo demás la zona es montañosa.

A los aficionados probablemente les interese la seta Cortinarius aureifolius, que aparece al borde del camino en la zona del Llano de los Cestos. Los aficionados al picnic pueden utilizar la zona de barbacoas cercana al pueblo. También escondido en medio del bosque hay una zona recreativa muy bonita (Fuente de Los Roques).

Der Norden · En el Norte

Auf der Westseite der Insel ist es naturgemäß viel trockener als auf der Ostseite, die vom Passat bestrichen wird. Doch im Nordwesten herrscht genügend Feuchtigkeit für ein gewisses Pilzaufkommen. Vorteilhaft sind die großen Zistusbestände, bevorzugt *Cistus monspeliensis*, eine von 167 Arten begleitete Symbiosepflanze. Vom Viehmesseplatz in San Antonio in Richtung Santo Domingo gibt es unendliche Zistusgebiete.

Cistus monspeliensis

Pilze auch bei 2 **19** 809 E, 31 **89** 000 N, 2 **18** 660 E, 31 **88** 979 N.
Weitere Anziehungskraft haben die Wälder nach Waldbrand, wo dann die entsprechenden Arten erscheinen. Morcheln, die in Massen auftreten können, weitere Brandpilze sind *Pholiota highlandensis*, *Gymnopilus sapineus*, *Geopetalum carbonarium* und viele mehr.
An der Nordstraße befindet sich das Casa forestal, gegenüber gibt es eine Anpflanzung palmerischer Gewächse und daran folgend einen guten Wald. Ein Picknicktisch kann zur Pilzarbeit dienen oder zu einer verdienten Erholung. Bei Puntagorda gibt es einen Kiefernwald, darin das Erholungsgebiet El FAYAL mit Grillmöglichkeit und Toiletten. (In der Gegend gab es 2023 einen großen Waldbrand, die Bäume zeigten schon 2024 wieder frisches Grün)

La parte occidental de la isla es, por naturaleza, mucho más seca que la oriental, barrida por los vientos alisios. Sin embargo, en el noroeste hay humedad suficiente para que crezca una cierta cantidad de setas. Los grandes rodales de cistus, preferentemente Cistus monspeliensis, una planta simbiótica con 167 especies, son una ventaja. Desde la feria de ganado de San Antonio hacia Santo Domingo, hay interminables zonas de cistus. También se pueden encontrar setas en 2 ***19*** *809 E, 31* ***89*** *000 N y 2* ***18*** *660 E, 31* ***88*** *979 N.*
Los bosques también son atractivos tras los incendios forestales, cuando aparecen las especies correspondientes. Colmenillas, que pueden aparecer en masas, otras setas después de los incendios son Pholiota highlandensis, Gymnopilus sapineus, Geopetalum carbonarium y muchas más.
En la carretera del norte se encuentra la Casa forestal, y frente a ella hay una plantación de

plantas de la isla y luego un buen bosque. Se puede utilizar una mesa de picnic para trabajar con setas o para un merecido descanso. Hay mucho pinar cerca de Puntagorda, donde se encuentra el área recreativa de El Fayal con instalaciones para barbacoas y aseos. (Hubo un gran incendio forestal en la zona en 2023, los árboles ya estaban volviendo a mostrar un verde fresco en 2024.)

El Fayal

Bei · Cerca de Garafía

Im Wald oberhalb von Puntagorda, nahe Erholungsgebiet El Lance, nach dem Brand 2023 • Bosque por encima de Puntagorda (El Lance) tras un incendio

Nahe Casa forestal • Cerca de la casa foresta

Der Norden ist interessant durch seine großen Flächen von *Cistus monspeliensis*, der Begleitpflanze für viele Pilzarten. Besonders ist der Pfifferling, *Cantharellus cibarius*, vertreten in seiner kleinen, knubbeligen Wuchsform.

Cantharellus cibarius, Speisepilz · seta comestible

In San Antonio del Monte ist ein großer Festplatz. Am Ende geht links bei einem alten Brunnen eine Piste ab, die sich gut mit dem Auto befahren lässt. Sie führt durch unendlich lange Bestände von dieser pilzreichen Begleitpflanze.
Etwas Besonderes habe ich bei dieser Pflanze entdeckt, das bis heute noch nicht geklärt ist. In einem reinen Bestand von Zistus fand ich ein paar Exemplare von Belliniis Schmierröhrling, *Suillus bellinii*, der ein Pilz des reinen Kiefernwaldes ist. Er zeigte seinen unpassenden Standort durch hellere

Suillos bellinii, essbar / seta comestible

El norte es interesante por sus grandes extensiones de Cistus monspeliensis, planta compañera de muchas especies de setas. El rebozuelo, Cantharellus cibarius, está especialmente bien representado en su forma de crecimiento pequeña y nudosa. En San Antonio del Monte hay un gran recinto ferial. Al final, hay una pista a la izquierda junto a un viejo pozo por la que es fácil circular. Conduce a través de interminables rodales de esta planta acompañante rica en setas.

Descubrí algo especial en esta planta que aún no se ha explicado. En un rodal puro de cistus, encontré algunos ejemplares del Boleto de pie moteado, Suillus bellinii, que es una seta del pinar puro. Indicaba su ubicación inadecuada con colores más claros, que nunca se dan en las

Suillos bellinii, Speisepilz (kleine Portionen, wirkt abführend) · seta comestible (pequeñas porciones, tiene un efecto laxante)

setas del pinar. Los biotopos albergan secretos y hacen que La Palma sea interesante para los amantes de las setas que buscan algo especial.

Una seta del barrio de Las Tricias ha sido objeto de una larga búsqueda. Una seta blanca, grande y fuerte, con escamas marrones en algunas partes. Era claramente reconocible como un Agaricus, pero no coincidía con ninguna especie correspondiente. Su forma exuberante era confusa. Con la ayuda de un especialista en el género, resultó ser Agaricus impudicus después de todo, sólo que extremadamente estable y extraño. Los cuerpos fructíferos normales son delgados. El nombre de „seta apestosa" tampoco

Farben an, die bei den Pilzen des Kiefernwaldes nie auftreten. Die Biotope bergen Geheimnisse und machen La Palma interessant für Pilzfreunde, die nach etwas Besonderem auf der Suche sind.

Lange wurde herumgeraten an einem Champignon aus der Nähe von Las Tricias. Ein großer, kräftiger weißer Pilz mit teils braunen Schüppchen. Er war klar als *Agaricus* zu erkennen, passte aber zu keiner entsprechenden Art. Seine üppige Gestalt verwirrte. Nach Mitarbeit eines Gattungsspezialisten kam es dann heraus, es war doch nur *Agaricus impudicus*, eben enorm stabil und fremdartig. Normale Fruchtkörper sind schlank. Der Name „Stinkegerling" trifft für La Palma auch nicht zu, hier riechen die Pilze schwach nach Schokolade. Der Finder der kräftigen Exemplare sagte, sie schmecken sehr gut, er hatte sie verzehrt, ohne zu wissen, was es war. Ich fand den Pilz in diesem befremdenden Habiatus dann auch in vielen Exemplaren in dem Kiefernwald von Puntagorda, am Erholungsplatz El Fayal und habe ihn sofort erkannt.

Agaricus impudicus

se aplica a La Palma, aquí las setas huelen ligeramente a chocolate. El que encontró los robustos ejemplares dijo que sabían muy bien, que los había comido sin saber lo que eran. Encontré la seta con este extraño hábito en muchos ejemplares en el pinar de Puntagorda, el área recreativa de El Fayal, y la reconocí inmediatamente.

Agaricus impudicus

Weg durch Montpellier-Zistrosen · Camino entre jaras blancas

Cistus monspeliensis und Eukalyptus · Cistus monspeliensis y eucalipto

2 **29** 372 E, 31 **80** 325 N. Etwas nördlich von Santa Cruz geht die Landstraße zu den Observatorien ab, und sobald sie durch bewaldetes Gelände führt, sind schon die Wegränder interessant, wo es teils *Cistus monspeliensis* mit Zistusbegleitern und Gebüsch mit seltenen Risspilzen gibt. In einer scharfen Rechtskurve (ungefähr 4,5 km vor dem nächsten Biotop, Tagoja) befindet sich auf der linken Seite eine Ausbuchtung zum Parken, und dort parkte ich mein Auto, allerdings bergab, da ich dieses Gebiet vorsichtshalber auf dem Rückweg aufsuchte, um beim Abbiegen zum Parken Probleme mit dem Gegenverkehr zu vermeiden, denn die Kurve lässt keine Sicht auf die Straße zu.

Genau beim Auto etwas bergab gibt es einen ausgedehnten Zistrosenplatz und rückwärts vom Auto gesehen befindet sich der Eingang zu einem ganz besonderen Weg. Zu Anfang ein paar Kiefern und dann etliche Eukalyptusbäume, wo durch die abgeworfene Baumrinde der Boden feucht gehalten wird. Hier habe ich den einzigen Grünen Knollenblätterpilz *(Amanita phalloides)* selbst gefunden, zwei weitere Exemplare wurden mir vorgelegt, und mehr gab es in 35 Jahren nicht. Der Weg führt zu einer verlassenen Wassergalerie, ist aber stark zugewachsen.

Grünen Knollenblätterpilz (*Amanita phalloides*), giftigster Pilz · seta mortal, la seta más tóxica

2 29 372 E, 31 80 325 N. Un poco al norte de Santa Cruz, la carretera de los observatorios se desvía, y en cuanto atraviesa terreno boscoso, los bordes del camino son interesantes, donde hay algunos Cistus monspeliensis con compañeros cistus y arbustos con raras setas de grieta. En una curva brusca a la derecha (unos 4,5 km antes del siguiente biotopo, Tagoja) hay un aparcamiento a mano izquierda, y allí aparqué el coche, aunque cuesta abajo, ya que tomaba la precaución de visitar esta zona a la vuelta para evitar problemas con el tráfico en sentido contrario al girar para aparcar, ya que la curva no permite ver la carretera.

Justo cuesta abajo del coche hay una extensa mancha de cistus y mirando hacia atrás desde

el coche está la entrada a un sendero muy especial. Al principio hay unos cuantos pinos y luego varios eucaliptos, donde el suelo se mantiene húmedo gracias a la corteza desprendida. Aquí encontré yo mismo la única seta cicuta verde (Amanita phalloides), me regalaron otros dos ejemplares y eso es todo lo que ha habido en 35 años. El sendero conduce a una galería de agua abandonada, pero está muy cubierta de hierba.

An den Straßenrändern und nahe der Roquestraße gibt es viele Pilze. Zum Beispiel den Semmelstoppelpilz, *Hydnum repandum*, ein Speisepilz, der auch bei Kastanien zu finden ist. Er ist leicht zu erkennen, denn er hat brüchige Stacheln auf der Hutunterseite. Ein weiteres Erkennungsmerkmal ist, dass er die Finger braun färbt, und das ziemlich echt. Zitrone hilft zur Säuberung. Es gibt eine rötliche Abart *(Hydnum rufescens)*, die den gleichen Speisewert hat.

Hay muchas especies en el borde y cerca de la carretera al Roque. También se encuentra la lengua de gato, Hydnum repandum, una seta comestible que también se encuentra en las castaños. Es fácil de reconocer porque tiene espinas quebradizas en la parte inferior del sombrero. Otra característica reconocible es que tiñe los dedos de marrón, y de forma bastante genuina. El limón ayuda a limpiarla. Existe una variedad rojiza (Hydnum rufescens) que tiene el mismo valor comestible.

Hydnum repandum, Speisepilz · *seta comestible*

Hydnum rufescens, Speisepilz · *seta comestible*

Tagoja

2 **28** 037 E, 31 **80** 235 N. Gut 4 Kilometer weiter die Roquestraße hoch ist links das Schild montaña Tagoja zu sehen, und gleich danach kann man einen kleinen Weg reinfahren, wo Platz zum Parken ist und zwei Wege abgehen. Der rechte untere ist von besonderen Pilzen begleitet. Gleich links an der Böschung stand *Entoloma dyssideus*. Den oberen Weg kann man bis zum Ende fahren zu einem Picknickplätzchen.

Interessant ist die mit dichter Blätterschicht ausgestatte Mulde, in die man gleich rechts einsteigen kann.

Gegenüber, auf der anderen Seite der Landstraße, gibt es Kiefernwald mit etwas Unterwuchs, und etwa 100 m leicht ansteigend trifft man auf eine üppige Pfifferlingsstelle, die einzige, die ich bei Kiefern kenne.

Links vom geparkten Auto ist ein uriger Weg durch knorrige Baumheidepflanzen.

2 28 037 E, 31 80 235 N. A unos 4 kilómetros más arriba de la carretera de Roque, verá a la izquierda el cartel de la montaña Tagoja, e inmediatamente después podrá entrar en un pequeño sendero donde hay espacio para aparcar y se bifurcan dos caminos.

El inferior, a la derecha, está acompañado de unas setas especiales. Entoloma dyssideus estaba justo a la izquierda en el terraplén. Al final del sendero superior se puede llegar a un merendero.

Una característica interesante es la hoya con una densa capa de hojas, en la que se puede entrar inmediatamente a la derecha.

Enfrente, al otro lado de la carretera hay un pinar con algo de sotobosque, y a unos 100 metros cuesta arriba se encuentra un frondoso sitio de rebozuelos, el único que conozco entre pinos.

A la izquierda del coche aparcado hay un pintoresco sendero entre nudosas plantas de brezo arbóreo.

Llano de las vacas

Einige Kilometer weiter auf der rechten Straßenseite geht die Piste Llano de las Vacas ab, die eine Pilzsuche lohnt. Wenn es nicht gerade feucht und die lehmige Auffahrt schmierig ist, kann man gut rauffahren und bleibt dann immer in gleicher Höhe. Baumbestand ist die Kiefer, aber es gibt auch Unterwuchs von Lorbeer. Die Attraktion ist ein uralter Fayabaum mit moosbewachsenen Stämmen. Daran wachsen die entsprechenden Helmlinge (*Mycena*), die die Mykologinnen und Mykologen erfreuen. Außer dem Kaninchenjäger mit Frettchen und Jagdhunden trifft man hier kaum jemand an.

Unos kilómetros más adelante, a la derecha de la carretera, se encuentra la pista del Llano de las Vacas, que bien merece una búsqueda de setas. Si no hay humedad y el camino arcilloso está embarrado y resbaladizo, es fácil de subir y se mantiene siempre a la misma altura. La población arbórea es de pinos, pero también hay un sotobosque de laurel. La atracción es una antigua faya con troncos cubiertos de musgo. Los micólogos están encantados con las setas mycenas que crecen en él. Aparte del cazador de conejos con sus podencos, los perros de caza y su hurón, aquí apenas hay nadie.

Vor den Hunden braucht man keine Angst zu haben, sie tun nichts außer Kaninchen aufspüren, und sie sind auch nicht etwa verhungert, es ist die Rasse. · No hay que tener miedo a los perros, no hacen más que olisquear conejos, y no están muriéndose de hambre, es la raza.

Lomo del Cuchillo

2 **31** 748 E, 31 **79** 637 N. An der Hauptlandstraße von Santa Cruz in den Norden liegt nach wenigen Kilometern links die Ortschaft Tenagua, die sich durch eine Überführung der Schnellstraße erreichen lässt. Die Brücke befindet sich kurz nach der großen Tankstelle. Den Ort durchfährt man dann sich rechtshaltend und kommt am Ende zu einem kleinen Berg (Montaña de Tenagua), an dessen Fuß auch schon allerhand zu erwarten ist, aber als Hauptziel folgt man der vorher links abgehenden beschilderten Piste über eine breite Ebene.

Nach Ende des flachen Geländes kommt man auf eine Piste aus rotem Lehm, da lässt sich parken. Die Piste ist da, wo rechts im Foto die hohen Kiefern *(Pinus radiata)* zu sehen sind. Man kommt an *Cistus monspeliensis* mit seinen besonderen Pilzen vorbei, das ist die Pflanze, die den Platz dann auch umrundet und ihn so besonders interessant macht, denn man findet Kiefernbegleiter und ebenso Zistusbegleiter, zu denen hier besonders die Pfifferlinge gehören. Nach Regen hat man auf dem Weg zum Pilzplatz nach wenigen Schritten dicke Lehmstollen an den Schuhen und kommt kaum damit weiter, also vielleicht Schuhe zum Wechseln mitnehmen.

2 31 748 E, 31 ***79*** *637 N. Después de unos kilómetros por la carretera principal de Santa Cruz hacia el norte, encontrará el pueblo de Tenagua a la izquierda, al que se accede por un paso elevado sobre la autopista. El puente se encuentra poco después de la gran gasolinera. Atraviese el pueblo manteniéndose a la derecha y al final llegará a una pequeña montaña (Montaña de Tenagua), al pie de la cual le esperan todo tipo de cosas, pero el destino principal es seguir la pista señalizada a la izquierda por una amplia llanura.*

Al final del terreno llano, se llega a una pista de arcilla roja donde se puede aparcar. Aquí es donde se ven los altos pinos (Pinus radiata) a la derecha en la foto. Antes se pasa por plantas de Cistus monspeliensis con sus setas especiales, que es la planta que luego rodea el lugar de las setas y lo hace tan particularmente interesante, porque se encuentran compañeros de pino y también compañeros de Cistus, que aquí incluyen los rebozuelos en particular. Si llueve, tendrá gruesos terrones de arcilla en los zapatos después de unos pocos pasos en el camino hacia el lugar de las setas. Por lo tanto, es aconsejable llevar una muda de zapatos.

LOMO DEL CUCHILLO
A PR LP 4 / A PR LP 3 (Pº DE LA NIEVE)
PR
LP 4.1

Piste Puntallana – Pico de la Nieve

Diese Piste ist so zauberhaft, dass man sich einen besonders schönen Tag damit bereiten sollte. Es ist kaum zu glauben, dass das auch La Palma ist, diese rote Erde, die gar nichts mehr von Vulkanherkunft hat. Von Santa Cruz kommend an Tenagua vorbei, rechts der Landstraße wieder die große Tankstelle, und man fährt über die Brücke kurz nach der Tankstelle Richtung Tenagua, dann links, kommt dicht an einer kleinen Kirche (Sagrado Corazón de Jesús, C. La Lomadita) vorbei. Dort sind Sie auf dem richtigen Weg zur Piste. Wenn Sie den Weg nicht finden sollten, können Sie in der Tankstelle fragen, wie man auf nächstem Weg zur Piste zum Pico de la Nieve kommt (es gibt auch von Puntallana aus eine Anfahrt, aber auf dieser verpassen Sie viele schöne Stellen.)

An der Piste gibt es immer wieder neue Überraschungen, was Pflanzenwuchs und besondere Geländeform anbelangt, Kastanien am Wegesrand, feuchte Senkungen, eine kleine Quelle, die ein wenig Wasser über den Weg laufen lässt.

Ab und zu gehen Querpisten ab, die sogar bis zur Straße auf den Gipfel mit den Observatorien führen, aber wir bleiben auf der Hauptpiste und gucken vielleicht einmal da hinein, wo das Schild Hoya del Charco steht, dort ist ein feuchter,

Esta pista es tan mágica que deberías pasar un día especialmente agradable en ella. Cuesta creer que esto también sea La Palma, esta tierra roja que ya no tiene ningún rastro de origen volcánico. Viniendo de Santa Cruz, pase Tenagua, la gran gasolinera a la derecha de la carretera principal de nuevo, y pase por el puente poco después de la gasolinera hacia Tenagua, luego gire a la izquierda, pasando cerca de una pequeña iglesia (Sagrado Corazón de Jesús, C. La Lomadita). Allí se encuentra en el camino correcto hacia la pista. Si no encuentra el camino, puede preguntar en la gasolinera cómo llegar a la pista del Pico de la Nieve más próxima (también hay una aproximación desde Puntallana, pero se perderá muchos lugares hermosos).

pilzträchtiger Hang, wo ich oft fündig wurde. Der Wegesrand ist begrünt von unterschiedlichen Pflanzen und Bäumen, und eine ganze

Chlorociboria aeruginosa

Strecke ist er auf der linken Seite begleitet von einem zementierten Wasserkanal. Durch einen gewissen Kalkanteil wachsen dort kalkliebende Arten.

Siempre hay nuevas sorpresas a lo largo de esta pista en cuanto a crecimiento vegetal y terreno especial, castaños al borde de la carretera, hondonadas húmedas, un pequeño manantial que deja correr un poco de agua sobre el camino.

De vez en cuando hay senderos transversales que incluso conducen a la carretera que lleva a la cumbre con los observatorios, pero nosotros nos mantenemos en la pista principal y tal vez echemos un vistazo donde está la señal de la Hoya del Charco, donde hay una ladera húmeda y rica en setas en la que a menudo he hecho algún hallazgo.

El borde del camino está plantado con diversas plantas y árboles, y durante todo un tramo está acompañado a la izquierda por un canal de agua cementado. Debido a una cierta cantidad de cal, allí crecen especies amantes de la cal.

Genau an dieser Stelle der roten Piste hatte ich das folgende Erlebnis, das die Piste gut beschreibt ... · Fue precisamente en este punto de la pista roja donde tuve la siguiente experiencia, que describe bien la pista: ...

Tod auf einsamer Piste

Heute hatte ich mir für meine Erkundungsfahrt etwas ganz Großartiges gewünscht.
Etwas ganz Großartiges wäre für mich ein seltener, interessanter Pilz. Der würde mich beglücken. Als Optimistin erhoffe ich mir das auf jedem Ausflug und habe auch fast immer Erfolg. Heute war ich auf meiner Lieblingspiste unterwegs, wo ich schon früher fündig geworden war. Sie geht von Puntallana bis hinauf zum Pico de la Nieve. Im unteren Teil besteht sie aus rotem Lehm und ist, besonders bei Feuchtigkeit, bezaubernd schön. Langsam fahrend genoss ich sie auch heute und nahm all die Schönheit in mich auf.
Und dann – ein Glück, dass ich langsam fuhr – lag nach einer Kurve plötzlich ein Toter auf dem Weg. O Schreck! Ich machte eine Vollbremsung, wozu bei 20 km/h Geschwindigkeit ja nicht viel gehört. Dass mir das passieren muss! Gerade mir. Ganz abwegig war es allerdings auch nicht. Wie oft war in Zeitungen zu lesen: »Pilzsucher machten grausigen Fund im Unterholz.« Ich bin ständig im Unterholz und hatte noch nie eine Leiche gefunden. Irgendwann war ich nach der Wahrscheinlichkeitstheorie dran. Aber gerade hier? Kein Mensch befuhr diese Piste. Touristen fanden sie nicht, und die wenigen Bauern, die vielleicht ihr Ziegenfutter schnitten, machten das am freien Sonnabend oder Sonntag, weil sie noch einen anderen Beruf hatten.
Ach herrje, was muss ich nun tun?
Der Tote lag auf dem Bauch, das Gesicht auf der Erde. Ich sah ihn von den Beinen her, die lang gestreckt und weit abgewinkelt waren.
Wie schrecklich!
Ich hob den Blick und sah etwas weiter entfernt ein Auto stehen, einen Geländewagen. Er kam mir bekannt vor. So einen hatte mein Pilzfreund Juan Carlos. Als ich mit dieser neuen Information genauer hinsah, kam mir auch die Person bekannt vor: Es war tatsächlich mein Pilzfreund Juan Carlos! Das ist ja noch schlimmer! Der arme Kerl. Er war noch nicht alt, und ein so netter Mensch.
Vielleicht war er noch zu retten. Ich stieg aus und wollte ihm die Halsschlagader abfühlen. Das macht man so, wie ich aus Krimis und dem Fernsehen weiß, um zu sehen, ob noch etwas Puls und somit etwas Leben vorhanden war.

Muerte en el sendero solitario

Hoy pedí algo muy especial para mi viaje de exploración.
Algo muy especial para mi sería una seta rara y muy interesante. Este me haría feliz. Como persona optimista, esperaba encontrar uno en cada paseo que daba y, para ser sincera, casi siempre tenía éxito. Hoy estuve caminando por mi sendero favorito, donde ya había tenido éxito anteriormente. Va de Puntallana hasta el Pico de la Nieve. En la parte inferior consiste de arcilla roja y, especialmente si hay humedad, es realmente hermoso. Aun hoy, manejando en el vehículo, disfruté de sus vistas, absorbiendo toda esa belleza.
Y a continuación – suerte que manejaba lentamente – me encontré con un muerto en el camino, después de salir de una curva. ¡Qué horror! Frené a raya, lo cual no requiere de mucho si se maneja a 20 km/h. ¿¿Por qué me tiene que pasar esto?? ¿¿Por qué a mí?? Eso sí, no era realmente una novedad. A menudo podía leer en los periódicos: „Seteros hicieron un descubrimiento macabro en el bosque." Permanentemente caminaba por los bosques y hasta la fecha no había encontrado ningún cadáver. Según la teoría de probabilidad, algún día me debía tocar. ¿Pero aquí? Nadie manejaba por este camino. Los turistas no lo encontraban y los pocos agricultores, que entraban a cortar alimentos para sus cabras, lo hacían los sábados o domingos porque solían tener un oficio adicional.
¡Oh Dios! ¿Y ahora qué hago?
El muerto estaba acostado boca abajo, con la cara hacia el suelo. Estaba con las piernas en mi dirección, estiradas y muy abiertas.
¡Horroroso!
Miré un poco más allá y ví un vehículo todoterreno parqueado junto al camino. Me parecía conocerlo. Mi amigo setero Juan Carlos tenía uno similar. Teniendo esto en mente, miré con mayor atención y la persona me parecía conocida: Realmente se trataba de mi amigo setero. ¡Esto es aun peor! El pobre tipo. Todavía era joven y una persona tan amable.
Quizás podía salvarlo. Salí del vehículo y quería sentir si tenía pulso en la carótida. Esto suelo verlo en novelas policíacas y en la televisión, para ver si todavía había algún pulso y, por lo tanto, un poco de vida en ese cuerpo. Me acer-

Vorsichtig ging ich näher und in die Hocke mit ausgestreckter Hand – als der Tote leise sagte: „Bitte keinen Schatten machen!" Vor Schreck wäre ich beinahe aus meiner unsicheren Haltung heraus auf ihn gefallen. „Juan Carlos! Du lebst! Was machst du da?" Er hob den Kopf ein wenig und blickte zur Seite: „Ach, du bist es. Ich mache eine Nahaufnahme und warte auf den richtigen Lichteinfall." Tatsächlich, er visierte bewegungslos einen Pilz an, der jedes Jahr hier aus dem festen Fahrweg hervorbrach (ein Riesenkartoffelbovist, *Scleroderma polyrhizum*, S. 27). „Und was machst du hier?", war seine Gegenfrage. Er wusste natürlich, dass ich auch auf Pilzsuche war, wie immer. Wir machten ab jetzt die Exkursion gemeinsam und es wurde sehr schön.

Nach einer gewissen Zeit, als der Schreck abgeklungen, der Schock überstanden und mein Blutdruck wieder normal war, empfand ich Verständnis für seine widernatürliche Fotoposition, schließlich lag ich selbst ja auch oft so bewegungslos wie er, wie tot auf den Pisten herum.

qué con cuidado y me acerqué con la mano extendida, cuando de pronto el muerto habló en silencio: „Por favor, no hagas una sombra." Del susto casi me hubiera caído sobre él. „¡Juan Carlos! ¡Estás vivo! ¿Qué estás haciendo?" Levantó un poco la cabeza y miró hacia un lado: „¡Ah! Eres tú. Estoy tomando una foto de primer plano y estoy esperando a que caiga la luz correctamente." ¡Era verdad! Estaba enfocando una seta que cada año crecía a través de la carretera dura (Scleroderma polyrhizum, p 27). „Y tú, ¿qué haces aquí?" preguntó. Por supuesto sabía que también estaba buscando setas. Como siempre. A partir de allí seguimos juntos con la excursión y fue un tiempo muy agradable.

Después de un cierto tiempo, cuando el susto había desaparecido y mi presión arterial se había normalizado, entendí incluso su posición antinatural para tomar la foto porque a menudo yo misma me ubicaba inmóvil en el suelo, como si estuviera muerta.

Cubo de La Galga

2 **29** 704 E 31 **85** 197 N. Bei der Holzhütte an der Landstraße (mit Hinweis „Cubo de La Galga") ist ein Parkplatz.

Das ist ein Lorbeerwald, der schon wegen seiner Eigenart und Seltenheit einen Besuch wert ist. Man geht einen gepflegten Weg und wird staunen über die Urwüchsigkeit der Baumfamilien, die in der Mitte Urmutter oder Urvater haben und rundherum Töchter, Söhne, Enkel, Urenkelinnen. Man wird an den Bäumen keinen Pilzreichtum entdecken, einzelne an Stämmen, denn Lorbeer ist kein Mykorrhizabaum und daher nicht von Pilzarten begleitet. Doch in der dicken Laubschicht gibt es Pilze und auch verschiedene Arten auf abgestorbenem Holz, darunter standorttreu das (essbare) Judasohr *(Auricularia auricula-judae)*.

Die Landschaft wechselt von romantisch in wild und urig und ist manchmal kaum fassbar großartig.

Auf dem Bild unten ist so eine typische Lorbeerbaumfamilie, der man in ihrer treuen Beständigkeit und ihrem Familienzusammenhalt Bewunderung spenden möchte. Windeinbruch gibt es in dieser geschützten Lage kaum, und die alten Bäume sind nicht in Gefahr.

*2 **29** 704 E 31 **85** 197 N. Hay un aparcamiento junto a la caseta de madera en la carretera (con el cartel „Cubo de La Galga"). Se trata de un bosque de laurisilva que merece la visita por su singularidad y rareza. Caminará por un sendero*

Auricularia auricula-judae, essbar · seta comestible

Lorbeerbaumfamilie · familia laurel

Dann führt der Weg auch an urigen Steinbetten vorbei, wo man an das strömende Wasser früherer Flüsse denken muss, denn die Steine sind alle hübsch rund abgeschliffen.

en buen estado y se asombrará del crecimiento original de las familias de árboles, que tienen una abuela o un abuelo en el centro e hijas, hijos, nietos y bisnietas alrededor.

Die beste Stimmung lässt sich bei einer gewissen Feuchtigkeit oder leichtem Nebel erleben, dann sind alle Pflanzen besonders grün, der Wald ist still, es regt sich nichts, nur das schöne Vogelkonzert ist zu hören. Es ist immer wieder eine Freude, diesen Ausflug zu machen und sich in einer so besonderen Naturlandschaft aufhalten zu können.

No descubrirá una gran riqueza de setas directamente en los árboles, ya que el laurel no es un árbol micorrícico y, por tanto, no se acompaña de setas. Setas individuales en troncos. Sin embargo, hay setas en la espesa capa de follaje y también varias especies en la madera muerta, incluida la oreja de Judía (Auricularia auricula-judae, seta comestible), fiel a su hábitat.

El paisaje pasa de romántico a salvaje y rústico, y a veces resulta casi incomprensiblemente magnífico.

La foto de la página 109 abajo muestra una típica familia de laureles, cuya fiel constancia y cohesión familiar son dignas de admiración. En este lugar resguardado apenas sopla el viento y los viejos árboles no corren peligro.

El sendero también pasa por rústicos lechos de piedra, donde es inevitable pensar en el fluir del agua de antiguos ríos, ya que las piedras están todas bellamente redondeadas.

El mejor ambiente se experimenta cuando hay humedad o una ligera niebla, cuando todas las plantas están especialmente verdes, el bosque está tranquilo, nada se mueve, sólo se oye el hermoso canto de los pájaros. Siempre es un placer hacer esta excursión y pasar tiempo en un paisaje natural tan especial.

Los Tilos

2 **26** 656 E, 31 **87** 428 N. Dieser Lorbeerwald ist d i e Attraktion von La Palma, denn es handelt sich wohl weltweit um den größten Bestand an Lorbeervorkommen. Wer besondere Kleinpilze sucht, wird hier seine Freude haben, denn die dicke Laubschicht hält den Boden feucht, und es erscheinen Pilze, auch wenn es in anderen Gebieten längst zu trocken ist. Schon der ganze zum Zentrum hinführende Barranco bringt Besonderheiten hervor. Am besten parkt man an der Straße, wo dort links ein Weg hineingeht, der bald durch zwei Tunnel führt und ein großes Gebiet erschließt. Die Pflanzenwelt ist interessant, u.v. a. mit der kanarischen Glockenblume.

*2 **26** 656 E, 31 **87** 428 N. Este bosque de laurisilva es la atracción de La Palma, ya que es probablemente el mayor bosque de laurisilva del mundo. Quienes busquen pequeñas setas espe-ciales estarán encantados aquí, ya que la espesa capa de follaje mantiene el suelo húmedo y las setas aparecen incluso cuando en otras zonas hace tiempo que está demasiado seco. Incluso todo el barranco que conduce al centro tiene sus propias características especiales. El mejor lugar para aparcar es junto a la carretera, donde entra a la izquierda un sendero que pronto atraviesa dos túneles y abre una amplia zona. La flora es interesante, incluida la bicácaro. (De este camino parte también la ruta de*

Hygrocybe punicea, essbar · seta comestible

Leucoagaricus rosemariae

(Von dem Weg aus geht auch der Wanderweg ab, der (mit viel Steigung) zu den Wasserfällen Marcos y cordero führt.)

Bleibt man auf der Straße, kommt man bald zum Besucherzentrum und den gewaltigen Farnpflanzen. Das anschließende Gebiet lässt sich auf kleinen Wegen bequem ergründen und sicher auch fündig sein.
Man kann am kleinen Wasserkanal entlanggehen und findet sogar Pilze an altem Wurzelstock. Sonntags treffen sich die palmerischen Familien bei dem Kiosk und genießen die frische Kühle des umgebenden Waldes, wenn es auf der Insel zu heiß ist.

senderismo a las cascadas de Marcos y cordero, con muchos metros de ascenso).
Si continúas por la carretera, pronto se llega al centro de visitantes y a los enormes helechos. La zona adyacente se puede explorar fácilmente por pequeños senderos y seguro que encontrará lo que busca.
Puede pasear por el pequeño canal de agua e incluso encuentra setas en viejos portainjertos.
En diciembre de 2023 se produjo un gran desprendimiento de rocas frente al aparcamiento del quiosco, desde entonces toda la carretera está cerrada y Los Tilos no pudo visitarse en 2024. Se va a construir un pequeño túnel para que a largo plazo se pueda volver a acceder con seguridad a esta hermosa zona.

Im Dezember 2023 gab es einen großen Steinschlag vor dem Parkplatz am Kiosk, seitdem ist die gesamte Straße gesperrt und Los Tilos konnte 2024 leider nicht besucht werden. Es soll ein kleiner Tunnel gebaut werden, damit das schöne Gebiet auf Dauer wieder sicher erreichbar ist.

In einem Kiefernwald · En un pinar. Armillaria ostoyae (Hallimasch roh giftig, gut erhitzt wohlschmeckend · Armilaria, venenosa cruda, sabrosa bien calentada

Artenliste mit Biotopen* · Lista de especies con biotopos*

Abortiporus biennis	Finca ‚Los Castañeros'
Agaricus aestivalis	Finca ‚Los Castañeros'
Agaricus arvensis	Finca ‚Los Castañeros'
Agaricus arvensis var. macrolepis	Pajonales
Agaricus augustus	Pared Vieja, Cumbre Nueva
Agaricus augustus var. perrarus	Cumbre Nueva
Agaricus benesii	La Pavona, Pared Vieja
Agaricus campester var. squamulosa	Finca ‚Los Castañeros'
Agaricus campestris	Pared Vieja
Agaricus cupreobrunneus	Pared Vieja, Hoyo del Rehielo y otros
Agaricus devoniensis	
Agaricus essettei	Hoyo del Rehielo
Agaricus fuscofibrillosus	
Agaricus haemorrhoidarius	
Agaricus impudicus	Pared Vieja, Puntagorda y otros
Agaricus luteomaculatus	Cumbre Nueva
Agaricus macrocarpus	Cumbre Nueva
Agaricus niveolutescens	Klein Peru, Pequeño Peru
Agaricus pampeanus	
Agaricus phaeolepidotus	Finca ‚Los Castañeros', Tagoja y otros
Agaricus porphyrizon	Pared Vieja, Hoyo del Rehielo y otros
Agaricus porphyrocephalus	
Agaricus praeclaresquamosus	Finca ‚Los Castañeros' y otros
Agaricus purpurellus	Cumbre Nueva
Agaricus semotus	Finca ‚Los Castañeros'
Agaricus silvaticus	
Agaricus silvicola	
Agaricus spissicaulus	Monte Breña
Agaricus variegans	
Agaricus xanthodermus	Pared Vieja, Tagoja
Agaricus xanthodermus var. grieseus	Finca ‚Los Castañeros'
Agaricus xanthodermus var. lepiotoides	Puntagorda
Agaricus xantholepis	
Agrocybe arenaria	
Agrocybe cylindracea	Los Tilos, Breña
Agrocybe dura	Finca ‚Los Castañeros'
Agrocybe pediades	Finca ‚Los Castañeros', Riachuelo y otros

** Anmerkung: Wenn Sie wissen möchten, wie die Pilze auf Deutsch heißen, ob sie essbar sind, etc. können Sie ganz einfach die lateinischen Namen bei Google eingeben.*

** Nota: Si quieres saber cómo se llaman las setas en español, si son comestibles, etc., sólo tienes que introducir los nombres latinos en Google.*

Agrocybe praecox	Pared Vieja
Agrocybe praecox fm. cutifracta	Pared Vieja
Agrocybe semiorbicularis	Pequeño Peru, Hoyo del Rehielo
Agrocybe vervacti	Barranco de las Angustias
Athelopsis lembospora	
Albugo candida	
Aleuria aurantia	Pared Vieja y otros
Aleurodiscus aurantius	
Aleurodiscus cerrussatus Aleurodiscus cerrussatus	
Amanita battarae	
Amanita fulva	Pared vieja y otros
Amanita gemmata	Pared Vieja, Riachuelo y otros
Amanita mairei	Cumbre Nueva, Velhoco
Amanita muscaria	Cumbre Nueva, Cumbre Vieja y otros
Amanita muscaria var. formosa	Cumbre Nueva, Cumbre Vieja
Amanita novinupta	Cumbre Nueva, Barlovento
Amanita pantherina	Finca ‚Los Castañeros' y otros
Amanita pantherina f. abietum	Riachuelo
Amanita phalloides	Tunnelstraße, Roquestraße, Eucalypto
Amanita rubescens	Tunnelstraße
Amanita solitaria	Garafía
Amanita spissa	
Amanita vaginata	Monte Breña
Amphinema byssoides	
Antrodia albida	
Antrodia sinuosa	
Antrodia xantha	
Arachnopeziza aurata	
Arachnopeziza aurelia	
Arcydes luteola	
Arcyria affinis	
Arcyria cinerea	
Arcyria denudata	
Arcyria ferruginea	
Arcyria incarnata	
Arcyria obvelata	Hoyo del Rehielo
Arcyria pomiformis	
Armillaria lutea	Pared Vieja
Armillaria mellea	Finca ‚Los Castañeros, Pared Vieja y otros
Armillaria ostoyae	Pared Vieja
Arrhenaria retiruga	
Artomyces pyxidatus	Cubo de La Galga
Ascobolus furfuraceus	Breña

Astraeus hygrometricus	Finca ‚Los Castañeros' y otros
Athelia bombacina	
Athelia decipiens	
Athelia epiphylla	
Athelia neuhoffii	
Aureoboletus gentilis	
Auricularia auricula_judae	Cubo de La Galga
Auricularia mesenterica	Cumbre Nueva
Badhamia capsulifera	
Badhamia gracilis	
Badhamia panicea	
Badhamia utricula	Pared Vieja
Baeospora myosura	Pared Vieja
Battarea stevenii	Barlovento
Biatoropsis usnea	
Bionectria ochroleuca	
Biscogniauxia nummularia	
Bisporella claroflava	Breña
Bisporella subpallida	
Bolbitius coprophilus	Puntagorda
Bolbitius variicolor	La Pavona
Boletopsis grisea	
Boletopsis leucomeleana	El Pilar, Hoyo del Rehielo y otros
Boletopsis pinophilus	
Boletopsis subsquamosa	
Boletus aemilii	Breña
Boletus aereus	
Boletus aestivalis	Finca ‚Los Castañeros' y otros
Boletus calopus	Valencia
Boletus caucasicus	Finca ‚Los Castañeros'
Boletus edulis	Finca ‚Los Castañeros' Richauelo
Boletus erythropus	Breña
Boletus fragrans	Finca ‚Los Castañeros', Riachuelo
Boletus luridus	Finca ‚Los Castañeros'
Boletus luridus var. erythroteron	Garafía
Boletus pinophilus	Finca ‚Los Castañeros', Pequeño Peru
Boletus pulverulentus	Monte Breña
Boletus queletii	Tunnelstraße, Cumbre Nueva
Bombardioidea bombardioides	
Botryobasidium botryosum	
Botryobasidium candicans	
Botryobasidium obtusisporum	
Botryobasidium subcoronatum	
Botryohypochnus isabellinus	

Bovista dermoxantha	Hoyo del Rehielo
Bovista nigrescens	Riachuelo
Bovista plumbea	Riachuelo
Bovista promontori	Hoyo del Rehielo
Bovista pusilla	Hoyo del Rehielo
Brevicellicium olivascens	
Byssomerulius corium	
Callistosporium luteo-olivaceum	Pared Vieja
Calocera cornea	
Calocera furcata	
Calocybe fallax	Pared Vieja
Calocybe onychina	Llano de Mosca
Calomyxa metallica	
Calvatia candida	Riachuelo
Camarophyllus niveus	
Camarophyllus schulzeri	
Camarops lutea	
Cantharellus cibarius	Finca ‚Los Castañeros', Puntallana y otros
Cantharellus subpruinosus	Roquestraße Eucalypto
Ceraceomyces tessulatus	
Ceratiomyxa fructiculosa	Pared Vieja
Cercophora mirabilis	
Ceriporia purpurea	
Ceriporia spissa	
Ceriporia viridans var. excelsa	
Ceriporiopsis pannocincta	
Cerotelium fici	
Cerrena unicolor	
Chaetocalathus craterellus	Pared Vieja
Chalciporus piperatus	Cumbre Nueva, Cumbre Vieja
Chelymenia stercorea	
Cheilymenia vitellina	Alter Tunnel
Cheimonophyllum candidissimum	Pequeño Peru
Chlorociboria aeruginascens	Finca ‚Los Castañeros', Puntallana
Chlorociboria aeruginosa	
Chlorophyllum brunneum	Monte Breña
Chlorophyllum molybdites	San Simon, La Pavona, St. Cruz
Chondrosterum purpureum	
Clathrus cibarius	
Clathrus ruber	Finca ‚Los Castañeros', Miranda
Clavaria acuta	Tunnelstraße
Clavaria argillacea	
Clavaria fumosa	La Malgarida, Pared Vieja
Clavaria inaequalis	

Clavaria ochraceovirens	
Clavaria purpurea	
Clavaria vermicularis	Pared Vieja, La Malgarida, Cumbre Nueva
Clavaria vermicularis var. spaeospora	Rötlingsweg/Vía Entoloma/Vía Entoloma
Clavaria zollingeri	Garafía
Clavulina coralloides	Pared Vieja
Clavulina coralloides f. subrugosa	Pared Vieja
Clavulina rugosa	Pared Vieja, Cumbre Oeste
Clavulinopsis autantio-cinnabarina	Garafía
Clavulinopsis corniculata	Pared Vieja
Clavulinopsis fusiformes	Pared Vieja
Clavulinopsis helvola	Pared Vieja
Clavulinopsis laeticolor	Los Tilos
Clavulinopsis luteonana	
Clavulinopsis subtilis	Cumbre Nueva
Clitocybe aff. applanata Clitocybe aff. Elegantula	Pared Vieja
Clitocybe aff. opala	Riachuelo
Clitocybe angustissima	Pajonales
Clitocybe bresadoliana	Puntagorda
Clitocybe brumalis	Pared Vieja
Clitocybe candicans	Finca ‚Los Castañeros'
Clitocybe catinus	Rötlingsweg/Vía Entoloma
Clitocybe cf. abundans	
Clitocybe cf. cistophila	Pajonales
Clitocybe costata	Pared Vieja
Clitocybe dealbata	Riachuelo
Clitocybe dealbata var. augeana	Tagoja
Clitocybe diatreta	Finca ‚Los Castañeros', Märchenwald/Bosque de Maravillas
Clitocybe dicolor	El Pilar
Clitocybe ditopa	
Clitocybe elegantula	Pared Vieja
Clitocybe font_queri	
Clitocybe fragilipes	El Pilar
Clitocybe fragrans	Pared Vieja
Clitocybe georgiana	Hoyo del Rehielo
Clitocybe gibba	El Pilar
Clitocybe gilvaoides	Hoyo del Rehielo
Clitocybe graminicola	La Pavona
Clitocybe gyrans	
Clitocybe inornata	Cumbre Nueva, Hoyo del Rehielo
Clitocybe leucodiatreta	Rötlingsweg/Vía Entoloma/Vía Entoloma
Clitocybe marginella	Llanos de Jable

Clitocybe metachroa	Pared Vieja, El Pilar
Clitocybe metachroides	Cumbre Nueva
Clitocybe mortuosa	Hoyo del Rehielo
Clitocybe nivea	Rötlingsweg/Vía Entoloma
Clitocybe pruinosa	Pequeño Peru
Clitocybe pseudoobbata	Märchenwald/Bosque de Maravillas
Clitocybe radicellata	Pajonales
Clitocybe senilis	Cumbre Nueva
Clitocybe sinopica	Finca ‚Los Castañeros'
Clitocybe squamulosa	Cumbre Nueva, Pared Vieja
Clitocybe strigosa	El Pilar
Clitocybe sublateritia	Riachuelo
Clitocybe trulliformis	Pared Vieja
Clitocybe vibecina	Pared Vieja
Clitocybula canariensis	Pared Vieja
Clitocybula familia	Pequeño Peru
Clitocybula striatum	Llanos de Jable
Clitopilus canariensis	Lomo del Cuchillo
Clitopilus cystidiatus	Finca ‚Los Castañeros'
Clitopilus griseonigrellus	Märchenwald/Bosque de Maravillas
Clitopilus hirneola	Märchenwald/Bosque de Maravillas
Clitopilus myriadocistis	Pared Vieja, Cumbre Nueva
Clitopilus prunulus	Finca ‚Los Castañeros', Riachuelo
Clitopilus rubropulchellus	Hoyo del Rehielo
Collybia acervata	Pared Vieja
Collybia aff. oreadoides	
Collybia alkalivirens	Pared Vieja, Pequeño Peru
Collybia asema	El Pilar
Collybia butyracea	El Pilar, Pared Vieja, Hoyo del Rehielo
Collybia conigena	
Collybia dryophila	Pared Vieja
Collybia fusipes	Los Tilos
Collybia hybrida	Pequeño Peru
Collybia impudica	Tagoja
Collybia inodora	Pared Vieja
Collybia marasmioides	Cumbre Nueva
Collybia tergina	
Coltricia perennis	Pared Vieja
Colus hirudinosus	Finca ‚Los Castañeros', La Pavona
Comatricha nigra	
Comatricha tenerrima	
Coniochaeta cf. alkalivirens	
Coniophora arida	
Coniophora olivacea	

Coniophora puteana	
Conocybe digitalina	
Conocybe juniana	Breña
Conocybe pseudopilosella	Märchenwald/Bosque de maravillas
Conocybe pubescens	Hoyo del Rehielo
Conocybe pulchella	Cumbre Nueva
Conocybe rickeniana	El Pilar
Conocybe semiglobata	Tagoja
Conocybe subovalis	
Conocybe tenera	Finca ‚Los Castañeros'
Contumyces brunneolilalcinus	Finca ‚Los Castañeros'
Contumyces rosellus	Riachuelo, Cumbre Vieja
Contumyces vesuviana	Riachuelo
Coprinus auricomus	Finca ‚Los Castañeros'
Coprinus bellulus	Finca ‚Los Castañeros'
Coprinus brevisetulosus	Breña
Coprinus callinus	Märchenwald/Bosque de Maravillas
Coprinus cinereus	La Pavona
Coprinus comatus	Las Manchas
Coprinus congreatus	Finca ‚Los Castañeros'
Coprinus curtus	Finca ‚Los Castañeros'
Coprinus disseminatus	Los Tilos, Puntallana
Coprinus domesticus	Finca ‚Los Castañeros'
Coprinus episcopalis	Cumbre Nueva, La Pavona
Coprinus eurysporus	
Coprinus flocculosus	Finca ‚Los Castañeros'
Coprinus friesii	Cancajos
Coprinus hemerobius	
Coprinus heptemerus	Finca ‚Los Castañeros'
Coprinus lagopus	Rötlingsweg/Vía Entoloma, Finca ‚Los Castañeros'
Coprinus leiocephala	Pajonales
Coprinus macrocephalus	Finca ‚Los Castañeros'
Coprinus megaspermus	
Coprinus micaceus	Pared Vieja
Coprinus niveus	Puntallana
Coprinus patouillardii	Pequeño Peru
Coprinus plicatilis	Los Tilos, Pared Vieja
Coprinus radians	Finca ‚Los Castañeros'
Coprinus radiatus	Finca ‚Los Castañeros'
Coprinus schroeteri	Cumbre Nueva, Pajonales
Coprinus sclerocystidiosus	Hoyo del Rehielo
Coprinus spilosporus	Finca ‚Los Castañeros'
Coprinus stercoreus	Finca ‚Los Castañeros'

Coprinus strossmayeri	Los Tilos
Coprinus tuberosus	Finca ‚Los Castañeros'
Coprinus xanthothrix	Rötlingsweg/Vía Entoloma
Coprobia granulata	Breña
Coprobia granulata var. elaphorum	
Coprotus ganularis	
Coriolus versicolor	
Corticium roseum	
Cortinarius acutus	
Cortinarius anomalus	La Pavona, Tunnelstraße
Cortinarius aureifolius	Fuencaliente
Cortinarius azureovelatus	Llanos de Jable, Pajonales
Cortinarius azureovelatus var. subcaligatus	
Cortinarius balteatocumatilis var. laetus	Pequeño Peru
Cortinarius caligatus	Tunnelstraße, Cistus monspeliensis
Cortinarius cinnamomeus	Pared Vieja
Cortinarius croceus	Pared Vieja
Cortinarius croceocoeruleum	Garafía
Cortinarius deceptivus	Puntallana
Cortinarius decipiens	Camino Real, Pared Vieja
Cortinarius diasemospermus	Hoyo del Rehielo
Cortinarius diasemospermus var. leptospermos	Hoyo del Rehielo
Cortinarius elatior	Tagoja, Casa del Monte
Cortinarius emarginatus var. subhiemalis	Finca ‚Los Castañeros'
Cortinarius evernius	Cumbre Nueva
Cortinarius fasciatus	Puntallana
Cortinarius infractus	La Pavona, Roquestraße
Cortinarius infractus var. olivellus	Pequeño Peru
Cortinarius largiusculus	
Cortinarius lividoochraceus aff.	
Cortinarius melleopallentium	
Cortinarius muscigenus	
Cortinarius olivaceofuscus	Pared Vieja, Breña
Cortinarius pulverobtus	Pared Vieja
Cortinarius purpurascens var. largusoides	Breña
Cortinarius scobinaceus var. cistohelvelloides	Cumbre Nueva
Cortinarius scobinaceus var. scobinaceus	Riachuelo
Cortinarius semisanguineus	Pared Vieja, El Pilar
Cortinarius semivestitus	Rötlingsweg/Vía Entoloma
Cortinarius subfusiporus	Hoyo del Rehielo
Cortinarius umidicola	Cumbre Nueva

Cortinarius vernus	Finca ‚Los Castañeros'
Cortinarius violilamellatus	Pared Vieja
Craterium minutum	
Creosphaeria sassafras	
Crepidotus autochthonus	
Crepidotus calolepis	
Crepidotus cesatii	Los Tilos
Crepidotus crocophyllus	Los Tilos
Crepidotus luteolus	
Crepidotus malachius	
Crepidotus mollis	Pared Vieja, Hoyo del Rehielo y otros
Crinipellis stipitaria	
Cristinia gallica	
Cristinia helvetica	
Crucibulum laeve	Pared Vieja
Crustoderma dryinum	
Cuphophyllus pratensis	Cumbre Nueva
Cuphophyllus pratensis var. pallidus	Los Tilos
Cuphophyllus russocoreaceus	Rötlingsweg/Vía Entoloma, Cumbre Nueva y otros
Cyathicula culmicola	
Cyathus olla	Pajonales, Cumbre Nueva
Cylindrobasidium evolvens	
Cystoderma amiantinum	Hoyo del Rehielo
Cystoderma amiantinum var. sublongisporum	
Cystoderma carcharias	Los Tilos
Cystoderma fallax	Hoyo del Rehielo, Pared Vieja, El Pilar
Cystoderma granulosum	Hoyo del Rehielo
Cystoderma superbum	
Cystoderma terrei =Cystodermella cinnabarina	El Pilar, Hoyo del Rehielo, Märchenwald/ Bosque de Maravillas, Pared Vieja
Cystoderma terrei forma lutea	Hoyo del Rehielo
Cystoderma terrei var. nogalesii	Hoyo del Rehielo
Cystolepiota cystidiosa	Los Tilos
Cystolepiota icterina	Rötlingsweg/Vía Entoloma
Cystolepiota sistrata	Tagoja
Dacryobolus karstenii	
Dacryobolus sudans	
Dacrymyces capitatus	
Dacrymyces enatus	
Dacrymyces stillatus	Finca ‚Los Castañeros'
Dacrymyces tortus	
Dacrymyces variispora	

Daedaleopsis confragosa	
Daldinia concentrica	Finca ‚Los Castañeros'
Daldinia escholzii	Finca ‚Los Castañeros'
Daldinia macaronesica	Los Tilos
Dasyscyphus niveus	
Dasyscyphus virgineus	
Datronia mollis	
Delastria rosea	
Delicatula integrella	
Dendrophora versiformis	
Dermoloma atrocinareum (=cuneifolium)	
Diachea leucopodia	
Diatrype stirma	
Didymium bahiense	Finca ‚Los Castañeros'
Didymium minus	Riachuelo
Didymium nigripes	Finca ‚Los Castañeros'
Didymium vaccinum	
Didymium verrucosperum	
Discinella boudieri	Rötlingsweg/Vía Entoloma
Discinella menziesi	
Discinella variispora	
Disciseda candida	
Durella connivens	
Echinoderma asperum	Pared Vieja, Finca ‚Los Castañeros'
Edinostelium brooksii	
Edinostelium colliculosum	
Edinostelium corynosphorum	
Edinostelium minutum	
Efibula deflectens	
Endothia parasitica	
Enerthenema papillatum	
Enteridium intermedium	
Enteridium lycoperdon	
Enteridium olivaceum	
Entoloma anatinum	
Entoloma asprellum	Cumbre Nueva
Entoloma atrocoeruleum	Pared Vieja Camino Real
Entoloma atrofissuratum	
Entoloma bloxamii	Camino Real, Cumbre Nueva
Entoloma bloxamii fm. caesiolamellatum	Rötlingsweg/Vía Entoloma
Entoloma byssisedum	Tagoja
Entoloma caeruleum	Rötlingsweg/Vía Entoloma
Entoloma canosericeum	Riachuelo
Entoloma chalybescens	Camino Real, Rötlingsweg/Vía Entoloma

Entoloma chytrophilum	Finca ‚Los Castañeros'
Entoloma cistophilum	Hoyo del Rehielo, Cumbre Nueva
Entoloma corvinum	Cumbre Nueva
Entoloma dysthaloides	Cumbre Nueva
Entoloma euchroum	Rötlingsweg/Vía Entoloma
Entoloma exile	Rötlingsweg/Vía Entoloma, Pequeño Peru
Entoloma farinasprellum	Cumbre Nueva
Entoloma formosum	Tagoja, Puntallana
Entoloma gomerense	Rötlingsweg/Vía Entoloma
Entoloma hebes	Rötlingsweg/Vía Entoloma
Entoloma hirtipes	Cumbre Nueva, Märchenwald/Bosque de Maravillas
Entoloma juncinum	Pachonales, El Pilar, Pared Vieja y otros
Entoloma kuehnerianum	
Entoloma lepidissimum	El Pilar
Entoloma lividocyanulum	Rötlingsweg/Vía Entoloma
Entoloma longistriatum var. longistriatum	Rötlingsweg/Vía Entoloma
Entoloma longistriatum var. microsporum	Los Tilos
Entoloma longistriatum var. sarcitulum	Rötlingsweg/Vía Entoloma
Entoloma lucidum	
Entoloma mediterraneense cf.	Pared Vieja Camino Real
Entoloma minutum	Pared Vieja
Entoloma mougeotii	Llano la Vaca
Entoloma mutabilis	Rötlingsweg/Vía Entoloma
Entoloma nigroviolaceum	Rötlingsweg/Vía Entoloma
Entoloma nitens	Pared Vieja
Entoloma olivaceohebes	Hoyo del Rehielo
Entoloma palmense	Pared Vieja
Entoloma papillatum	Tacande
Entoloma phaeocythus	
Entoloma poliopus	Cubo de La Galga
Entoloma pseudoturci	Rötlingsweg/Vía Entoloma
Entoloma querquedula	Cumbre Nueva
Entoloma rhombisporum	Cumbre Nueva
Entoloma rhombisporum var. floccipes	Cumbre Nueva
Entoloma rosemariae	Hoyo del Rehielo
Entoloma rufocarneum	
Entoloma sericellum	
Entoloma sericeum	Pared Vieja
Entoloma serrulatum	Cumbre Nueva
Entoloma solstitiale	Finca ‚Los Castañeros'
Entoloma strigosissimum	
Entoloma tenellum	Cumbre Nueva
Entoloma tibicystidiatum	El Pilar

Entoloma undatum	Pared Vieja
Entoloma ventricosum	Rötlingsweg/Vía Entoloma
Entoloma vernum	Rötlingsweg/Vía Entoloma
Erysiphe biocellata	
Erysiphe cichoracearum	
Erysiphe cynoglossi	
Erysiphe heraclei	
Erysiphe orontii	
Eutypa flavovirens	
Eutypa tetragona	
Eutypella leprosa	
Exidia plana	
Laurobasidium lauri	Pequeño Peru, Los Tilos, Barlovento
Faeberia carbonaria	Pajonales, Puntallana
Fibroporia gossypina	
Fibulomyces fusoideus	
Fibulomyces septentrionalis	
Fistulina hepatica	Camino Real, Tunnelstraße
Flagelloscypha minutissima	
Flammulaster carpophilus	
Flammulaster carpophilus var. rhombosporus	Hoyo del Rehielo, Cumbre Nueva
Flammulaster carpophilus var. subincarnatus	Rötlingsweg/Vía Entoloma
Flammulaster limulatus	Cubo de La Galga
Flammulina fennae	El Pilar
Flammulina velutipes	Tagoja, Los Tilos
Fuligo candida	
Fuligo septica	Pared Vieja
Galerina autumnalis	Pared Vieja
Galerina badipes	Märchenwald/Bosque de Maravillas, Pared Vieja
Galerina camarina	Cumbre Nueva
Galerina marginata	Märchenwald/Bosque de Maravillas, Pared Vieja
Galerina sideroides	Märchenwald/Bosque de Maravillas
Galerina stylifera	Pared Vieja
Galerina unicolor	Märchenwald/Bosque de Maravillas
Galerina vittaeformis	Cumbre Vieja
Galerina vittaeformis var. pachyspora	El Pilar
Galerina vittaeformis fm. tetraspora	Tagoja
Ganoderma adspersum	
Ganoderma applanatum	Los Tilos
Ganoderma australe	

Ganoderma carnosum	Tunnelstraße
Ganoderma lipsiense	
Ganoderma lucidum	
Ganoderma pfeifferi	San Pedro
Geastrum campestre	Pared Vieja Camino Real
Geastrum fimbriatum	
Geastrum floriforme	Riachuelo
Geastrum lageniforme	
Geastrum minimum	El Pilar
Geastrum moreanii	
Geastrum pectinatum	
Geastrum sessile	Cubo de La Galga
Geastrum triplex	Pared Vieja, Cumbre Nueva y otros
Geastrum rufescens	Breña
Geoglossum cookeanum	
Geoglossum glutinosum	
Geoglossum umbratile	
Geopora clausa	
Globulicium hiemale	
Gloeocystidiellum clavuligerum	
Gloeocystidiellum convolvens	
Gloeocystidiellum luridum	
Gloeocystidiellum porosum	
Glomus macrocarpum var. macrocarpum	
Glomus radiatum	
Gloniopsis praelonga	
Glonium abbreviatum	
Glonium lineare	
Gomphus clavatus	Riachuelo, Tunnelstraße
Grifola frondosa	Finca ‚Los Castañeros', Pared Vieja
Gymnopilus arenophilus	Märchenwald/Bosque de Maravillas
Gymnopilus decipiens	Cumbre Nueva
Gymnopilus penetrans	Pared Vieja, Cumbre oeste y otros
Gymnopilus junonius	Märchenwald/Bosque de Maravillas, Hoyo del Rehielo y otros
Gymnopilus purpuratus	Velhoco, Finca ‚Los Castañeros'
Gymnopilus sapineus	Pared Vieja Camino Real
Gymnopilus stabilis	Pared Vieja
Gymnopus beltraniae	Tagoja, Breña
Gymnopus confluens	
Gymnopus dryophilus	Märchenwald/Bosque de Maravillas, Hoyo del Rehielo
Gymnopus fuscopurpureus	
Gymnopus luxurians	

Gymnopus peronatus	
Gyromitra esculenta	El Pilar
Gyromitra infula	Cubo de La Galga
Gyromitra tasmanica	Pared Vieja
Gyroporus castaneus	Finca ,Los Castañeros', El Pilar
Hapalopilus nidulans	
Hapalopilus rutilans	Pequeño Peru
Hebeloma album	El Pilar, Breña
Hebeloma angustispermum	Hoyo del Rehielo
Hebeloma anthracophilum	Riachuelo
Hebeloma candipes	
Hebeloma cistophilum	Hoyo del Rehielo, Cumbre Nueva y otros
Hebeloma collariatum	Rötlingsweg/Vía Entoloma, Hoyo del Rehielo
Hebeloma crustuliniforme	Riachuelo, San Isidro
Hebeloma eburneum	Pared Vieja
Hebeloma fragilipes	Riachuelo
Hebeloma hiemale	Rötlingsweg/Vía Entoloma, Pajonales
Hebeloma laterinum	
Hebeloma leucosarx	Tagoja
Hebeloma longicaudum	
Hebeloma mesophaeum	Tagoja, Pared Vieja y otros
Hebeloma pseudoamarescens	Riachuelo
Hebeloma sacchariolens	Cubo de La Galga
Hebeloma senescens	
Hebeloma senslans	
Hebeloma sinapizans	
Hebeloma sordidum	Pared Vieja, Breña, Finca ,Los Castañeros'
Hebeloma strophosum	Pequeño Peru
Hebeloma theobromium	
Hebeloma truncatum	Pared Vieja
Helvella helvellula	Rötlingsweg/Vía Entoloma, Cumbre Nueva
Helvella lacunosa	Pared Vieja, Finca ,Los Castañeros' y otros
Helvella lacunosa f. alba	Hoyo del Rehielo
Helvella leucomelaena	
Hemimycena angustispora	Finca ,Los Castañeros'
Hemimycena crispula	Pequeño Peru
Hemimycena cryptomeriae	
Hemimycena ignobilis	Riachuelo
Hemimycena mauretanica	
Hemimycena pseudocrispata	
Hemimycena pseudocrispula	Finca ,Los Castañeros'
Hemitrichia calyculata	
Hemitrichia minor	
Hemitrichia pardina	

Henningsomyces candidus	
Heterobasidion annosum	
Hohenbuehelia angustata	
Hohenbuehelia atrocoerulea	Pajonales
Hohenbuehelia chevallieri	
Hohenbuehelia cypelliformis	
Hohenbuehelia tremula	Finca ‚Los Castañeros'
Hohenbuehelia valesiaca	Finca ‚Los Castañeros'
Humaria haemisphaerica	Breña
Hunemenidium atropurpureum	
Hydnamgium carneum	Riachuelo
Hydnellum caeruleum	
Hydnellum concrescens	Pared Vieja
Hydnellum ferrugineum	Pared Vieja
Hydnellum tardum	
Hydnum repandum	Breña, Roquestraße
Hydnum rufescens	Breña, Roquestraße
Hydropus floccipes	
Hydropus subalpinus	Hoyo del Rehielo
Hydropus trichoderma	
Hygrocybe aurantiosplendens	Pared Vieja
Hygrocybe calciphila	
Hygrocybe ceracea	Pared Vieja
Hygrocybe chlorophana	
Hygrocybe cinereifolia	
Hygrocybe citrina	
Hygrocybe citrinovirens	
Hygrocybe coccinea	Los Tilos, La Malgarida
Hygrocybe conica	Tagoja, Pequeño Peru, Rötlingsweg/Vía Entoloma y otros
Hygrocybe conica var. pseudoconica	Tagoja
Hygrocybe flavescens	
Hygrocybe fornicata	Camino Real
Hygrocybe insipida	Pared Vieja Camino Real
Hygrocybe miniata	Pared Vieja
Hygrocybe miniata/calciphila	Pared Vieja
Hygrocybe miniata var. mollis	Pared Vieja Camino Real
Hygrocybe mucronella	
Hygrocybe murinacea	
Hygrocybe nitrophila	Cumbre Nueva
Hygrocybe niveus	Cumbre Nueva
Hygrocybe olivaceonigra	Pared Vieja, Rötlingsweg/Vía Entoloma, Pequeño Peru

Hygrocybe persistens	
Hygrocybe persistens var. konradii	
Hygrocybe pratensis var. pallida	
Hygrocybe pseudoconica	Tagoja
Hygrocybe pseudoconica var. tristis	Finca ‚Los Castañeros', Tagoja
Hygrocybe psittacina	Cumbre Nueva
Hygrocybe punicea	Los Tilos
Hygrocybe quieta	Cumbre Nueva
Hygrocybe reai	Camino Real, Cumbre Nueva
Hygrocybe subglobispora	Pared Vieja
Hygrocybe tristis	Pequeño Peru, Rötlingsweg/Vía Entoloma, Los Tilos
Hygrocybe virginea	Cumbre Nueva
Hygrocybe virginea var. ochraceopallida	Cumbre Nueva
Hygrocybe xanthochroa	Finca ‚Los Castañeros'
Hygrophoropsis aurantiaca	Pared Vieja
Hygrophorus chrysodon	Puntagorda
Hygrophorus nemoreus	Hoyo del Rehielo
Hygrophorus obrusseus	
Hygrophorus olivaceoalbus	Roquestraße
Hygrophorus olivaceoalbus fm. gracilis	Pajonales, Hoyo del Rehielo
Hygrophorus penarius	Cumbre Nueva
Hymenochaete cinnamomea	
Hymenochaete corrugata	
Hymenochaete rubisinosa	
Hymenochaete subfuliginosa	
Hyphochnium punctalatum	
Hyphoderma argillaceum	Finca ‚Los Castañeros'
Hyphoderma macedonium	
Hyphoderma medioburiense	
Hyphoderma obtusiforme	
Hyphoderma praetermissum	
Hyphoderma puberum	
Hyphoderma radula	Camino Real
Hyphoderma setigerum	
Hyphodermella corrugata	
Hyphodontia arguta	
Hyphodontia aspera	
Hyphodontia brevista	
Hyphodontia bugellensis	
Hyphodontia floccosa	
Hyphodontia nespori	
Hyphodontia pruni	
Hyphodontia sambuci	

Hypholoma capnoides	
Hypholoma fasciculare	Pared Vieja, El Pilar, Cumbre y otros
Hypholoma fasciculare var. viride	Pared Vieja
Hypholoma marginatum	
Hypochniciellum molle	
Hypochnicium eichleri	
Hypocrea cf. minutispora	
Hypocrea rufa	
Hypomyces rosellus	
Hypoxylon cohaerens	
Hypoxylon cohaerens var. microsporum	
Hypoxylon frasiforme	
Hypoxylon howeianum	
Hypoxylon multiforme	
Hypoxylon perforatum	
Hypoxylon rubiginosum	
Hypoxylon serpens	
Hypoxylon ticinense	
Hysterangium cistophilum	
Hysterangium clathroides	
Hysterium vermiforme	
Ileodictyon gracile	Finca ,Los Castañeros', La Pavona
Incrustoporia nivea	
Incrustoporia percandida	
Inocybe albomarginata	Hoyo del Rehielo
Inocybe albovelutipes	Cumbre Nueva, Hoyo del Rehielo
Inocybe amethystina	Pared Vieja
Inocybe appendiculata	Hoyo del Rehielo
Inocybe arenicola var. mediterranea	Tagoja
Inocybe assimilata	Pared Vieja
Inocybe boltonii	
Inocybe bongardii var. piscidora	
Inocybe bongardii var. cervicolor	Puntallana
Inocybe calida	Finca ,Los Castañeros'
Inocybe capucina	Tagoja
Inocybe cf. aurea	
Inocybe cf. auricoma	
Inocybe cicatricata	Pared Vieja
Inocybe cincinnata	Pared Vieja
Inocybe cryptocystis	Pared Vieja, El Pilar
Inocybe curvipes	Finca ,Los Castañeros'
Inocybe dulcamara	Fuencaliente, Tagoja, Pared Vieja y otros
Inocybe dulcamara var. hormomorpha	Hoyo del Rehielo
Inocybe flocculosa var. flocculosa	Las Nieves, Cumbre Nueva

Inocybe furfurea	Cumbre Neva
Inocybe fuscidula var. fuscidula	Rötlingsweg/Vía Entoloma
Inocybe fuscomarginata	Breña, Tunnelstraße
Inocybe geophylla	Pared Vieja
Inocybe geophylla (Albinoform)	Märchenwald/Bosque de Maravillas
Inocybe geophylla var. lilacina	Pajonales, El Pilar, Pared Vieja y otros
Inocybe glabripes	Pared Vieja
Inocybe glabrodisca	Finca ‚Los Castañeros'
Inocybe godeyi	
Inocybe grammata	Finca ‚Los Castañeros'
Inocybe grammopodia	Pared Vieja
Inocybe griseolilacina	Cumbre Vieja
Inocybe griseovelata	Riachuelo
Inocybe heimii	Llano de Mosca
Inocybe cf. heterochrominea	Hoyo del Rehielo
Inocybe hirtella	Pared Vieja
Inocybe hirtelloides	
Inocybe huijsmanii	
Inocybe hypophaea	Pared Vieja
Inocybe inodora	
Inocybe lacera	Pared Vieja
Inocybe lacera var. regularis	Hoyo del Rehielo
Inocybe lanuginella	Finca ‚Los Castañeros'
Inocybe lanuginosa	Cumbre Nueva
Inocybe leiocephala	Pequeño Peru
Inocybe leptocystis	Hoyo del Rehielo, Pared Vieja y otros
Inocybe leucoblema	Cumbre Nueva
Inocybe minima	
Inocybe mixtilis	Pared Vieja, La Pavona
Inocybe muricellata	
Inocybe nitiduscula	Pared Vieja
Inocybe obscurobadia	Pared Vieja, Hoyo del Rehielo y otros
Inocybe perbrevis	Fuencaliente
Inocybe peronatella	
Inocybe phaeocomis var. major	Pared Vieja
Inocybe praetervisa	La Pavona
Inocybe posterula	Hoyo del Rehielo
Inocybe pruinosa	Puntagorda
Inocybe pseudoestricta	Pajonales
Inocybe pusio	Riachuelo
Inocybe queletii	
Inocybe rimosa	Finca ‚Los Castañeros'
Inocybe rocabrunae	Cumbre Nueva
Inocybe roseipes	

Inocybe rufoloides	El Pilar
Inocybe sambucina	Cumbre Nueva
Inocybe sindonia	Pared Vieja, La Malgarida
Inocybe splendens var. splendens	
Inocybe squarrosa	El Pilar
Inocybe striaepes f. acicola	
Inocybe subcarpta	Llanos de Jable
Inocybe subtigrina	Puntagorda
Inocybe aff.tabacina	Roquestraße
Inocybe tjallingiorum	Riachuelo
Inocybe vaccina	Tagoja
Inocybe whitei	Pared Vieja
Inocybe xanthomelas	
Inonotus dryadeus	Finca ‚Los Castañeros'
Inonotus hispidus	
Inonotus tamaricis	San Simon
Irpex lacteus	
Junghuhnia nitida	
Laccaria affinis	
Laccaria laccata	Pared Vieja, Finca ‚Los Castañeros'
Laccaria laccata var. pallidifolia	Pared Vieja
Laccaria lateritia	Roquestraße Eucalypto
Laccaria lutea	Tacande
Laccaria proxima	Cumbre Nueva
Laccaria purpureobadia	Cumbre Nueva
Laccaria scotica	Cumbre Nueva
Laccaria tortilis	
Lachnella alboviolascens	
Lacrymaria glareosa	Pared Vieja
Lacrymaria lacrymabunda	Barlovento
Lactarius deliciosus	Märchenwald/Bosque de Maravillas, Hoyo del Rehielo y otros
Lactarius deliciosus var. rubescens	Riachuelo
Lactarius salmonicolor	Hoyo del Rehielo, Tenagua
Lactarius sanguifluus	Tenagua, Tacande, Cumbre oeste y otros
Lactarius tesquorum	Cumbre Nueva, Puntagorda, Cumbre Vieja
Lactarius vinosus	Lomo del Cuchillo, Pequeño Peru y otros
Laeticorticium ionides	
Laetiporus sulphureus	Finca ‚Los Castañeros', Riachuelo y otros
Lamproderma scintillans	
Lamprospora annulata	
Laurobasidium lauri	Pequeño Peru, Barlovento, Los Tilos y otros
Lecanidion atratum	
Leccinum corsicum	Pajonales, Cumbre Nueva, Puntagorda

Leccinum sardoum	
Lentinellus cochleatus	Los Tilos
Lentinellus cochleatus var. inolens	Los Tilos
Lentinellus flabelliformis	Riachuelo
Lentinellus micheneri	
Lentinus lepidus	
Lenzites betulina	
Lenzites warnieri	
Leocarpus fragilis	Finca ‚Los Castañeros'
Leotia lubrica	Cubo de La Galga
Lepiota acerina var. subpurpurata	Rötlingsweg/Vía Entoloma
Lepiota alba	Mirador Cumbre
Lepiota boudieri	Rötlingsweg/Vía Entoloma
Lepiota carinii	Finca ‚Los Castañeros'
Lepiota castanea	Tacande
Lepiota cinerascens	Monte Breña
Lepiota clypeolaria	Märchenwald/Bosque de Maravillas, Hoyo del Rehielo
Lepiota cristata	Pared Vieja
Lepiota erminea	Cumbre Nueva
Lepiota farinolens	Las Angustias
Lepiota felina	Märchenwald/Bosque de Maravillas
Lepiota ignicolor	El Pilar
Lepiota josserandii	Finca ‚Los Castañeros'
Lepiota obscura	Märchenwald/Bosque de Maravillas
Lepiota oreadiformis	Cumbre Nueva
Lepiota perplexa	
Lepiota pseudofelina	
Lepiota pseudohelveola	Cumbre Nueva
Lepiota subincarnata	Pared Vieja
Lepiota sublevigata	Riachuelo
Lepista caespitosa	Cumbre Nueva
Lepista flaccida	Finca ‚Los Castañeros', Pared Vieja
Lepista irina	Monte Breña
Lepista nuda	Pared Vieja, Hoyo del Rehielo y otros
Lepista ovisporum	Riachuelo, Pared Vieja
Lepista panaeola	Tacande
Lepista riceki	Tunnelstraße
Lepista rickenii	Breña
Lepista sordida	Riachuelo
Lepista sordida var. aianthina	Hoyo del Rehielo
Lepista sordida var. obscurata	
Leucoagaricus atroalbus	Finca ‚Los Castañeros'
Leucoagaricus brunnescens	Tagoja

Leucoagaricus carneifolius	Finca ‚Los Castañeros', El Pilar
Leucoagaricus cinerascens	Finca ‚Los Castañeros'
Leucoagaricus lateritius	
Leucoagaricus leucothites	Finca ‚Los Castañeros'
Leucoagaricus litoralis	Finca ‚Los Castañeros'
Leucoagaricus melanotrichus	Pared Vieja
Leucoagaricus melanotrichus fm. fuligineobrunneus	Rötlingsweg/Vía Entoloma
Leucoagaricus nigrodiscus	Cumbre Nueva
Leucoagaricus pinguipes	Pared Vieja
Leucoagaricus pitatianus	
Leucoagaricus purpureolilacinus	Pared Vieja, Los Tilos, Rötlingsweg/Vía Entoloma
Leucoagaricus purpureorimosus	
Leucoagaricus rosemariae	Los Tilos
Leucoagaricus sublittoralis	Finca ‚Los Castañeros'
Leucoagaricus tener	Pared Vieja
Leucocoprinus brebissonii	Finca ‚Los Castañeros'
Leucocoprinus brunneosquamulosus	
Leucocoprinus brunneotegulis	Finca ‚Los Castañeros'
Leucocoprinus canariensis	Pared Vieja
Leucocoprinus cepaestipes	Finca ‚Los Castañeros', Puntallana
Leucocoprinus cepaestipes var. rorulentus	Finca ‚Los Castañeros'
Leucocoprinus discoideus	Finca ‚Los Castañeros'
Leucocoprinus flos_sulphuris	Finca ‚Los Castañeros'
Leucocoprinus heinemannii var. melanotrichoides	RRötlingsweg/Vía Entoloma
Leucocoprinus lanzonii	Finca ‚Los Castañeros'
Leucocoprinus sulphurellus	Finca ‚Los Castañeros'
Leucogyrophana mollis	
Leucogyrophana mollusca	
Leucopaxillus cerealis	Breña, Tagoja, Cumbre oeste y otros
Leucopaxillus alboalutaceus cf. var. baespermus	Rötlingsweg/Vía Entoloma
Leucopaxillus compactus	La Pavona Canal
Leucopaxillus gentianus	Tagoja, Riachuelo y otros
Leucopaxillus rhodoleucus	Cumbre Vieja
Leucopaxillus tricolor	
Leucoscypha semiimmersa	
Leveillula taurica	
Licea belmontiana	
Licea biforis	
Licea bryophila	
Licea kleistobolus	
Licea parasitica	

Licea pedicellata	
Licea pusilla	
Licea pygmaea	
Licea tenera	
Licea tenera	
Lichenomphalia velutina	
Limacella illinata	Roquestraße, Casa del Monte
Litschauerella clematitis	
Lopharia spadicea	
Lophiostoma macrostomoides	
Lycogala conicum	
Lycogala epidendrum	Pared Vieja, Riachuelo, El Pilar y otros
Lycogala terrestre	
Lycoperdon cf. molle	
Lycoperdon decipiens	
Lycoperdon lambinonii	Hoyo del Rehielo
Lycoperdon lividum	Riachuelo, La Malgarida, Hoyo del Rehielo
Lycoperdon perlatum	Pared Vieja, Cumbre oeste y otros
Lycoperdon pyriforme	Los Tilos
Lyophyllum aemiliae	Llano de Mosca
Lyophyllum anthracophilum	Llanos de Jable
Lyophyllum archipelagi	Pequeño Peru
Lyophyllum atratum	Rötlingsweg/Vía Entoloma
Lyophyllum bonii	El Pilar
Lyophyllum brunneum	El Pilar
Lyophyllum decastes	Hoyo del Rehielo, Pared Vieja y otros
Lyophyllum deliberatum	
Lyophyllum fumosum	
Lyophyllum fuscobrunneum	Hoyo del Rehielo
Lyophyllum griseopruinatum	El Pilar
Lyophyllum ignobile	Cumbre Nueva
Lyophyllum impudicum	
Lyophyllum infidum	Hoyo del Rehielo
Lyophyllum leucophaeatum	Riachuelo
Lyophyllum maas_geesterani	Pajonales
Lyophyllum maleolens	Llano de Mosca
Lyophyllum paelochroum	
Lyophyllum pseudoloricatum	Hoyo del Rehielo, Pard Vieja
Lyophyllum pseudoloricatum f. lactellum	Hoyo del Rehielo
Lyophyllum rosae_mariae	Pared Vieja
Lyophyllum semitale	Pared Vieja, Hoyo del Rehielo y otros
Lyophyllum semitale var. intermedium	Pared Vieja
Lyophyllum subglobisporum	Pajonales
Lyophyllum tesquorum	

Lysurus mokusin	Hotel Centrocancajos
Macbrideola cornea	
Macrocystidia cucumis	Pared Vieja, Finca ‚Los Castañeros'
Macrolepiota rachodes	Breña
Marasmiellus ramealis	
Marasmiellus vaillantii	Finca ‚Los Castañeros'
Marasmius alliaceus	
Marasmius androsaceus	Monte Breña
Marasmius anomalus	El Pilar
Marasmius cohaerens	
Marasmius collinus	Riachuelo
Marasmius curreyi	
Marasmius epiphylloides	
Marasmius graminum	Riachuelum
Marasmius hudsonii	Rötlingsweg/Vía Entoloma, Los Tilos, Tagoja y otros
Marasmius rotula	
Marasmius scorodonius	Los Tilos
Marasmius torquescens	Cubo de La Galga
Marasmius undatus	Cumbre Nueva
Marasmius wynnei	Riachuelo
Megacollybia platyphylla	Pared Vieja
Melampsora epitea	
Melampsora euphorbiae	
Melampsora hypericorum	
Melampsora hypericorum	
Melanoleuca arcuata	
Melanoleuca friesii	Riachuelo
Melanoleuca grammopodia var. obscura	Finca ‚Los Castañeros'
Melanoleuca malençonii	Finca ‚Los Castañeros'
Melanoleuca melaleuca	
Melanoleuca robertiana	
Melanoleuca tristis	Riachuelo
Melanomma seminudum	
Melanophyllum echinatum	Pared Vieja
Melanotus horizontalis	
Melitasporella pulchella	
Meruliopsis corium	Puntallana
Metatrichia floriformis	
Micromphale brassicolens	Roquestraße Eucalypto
Micromphale cauvetii	Los Tilos
Micromphale inodorum	
Microsphaera euonymi_japonici	
Microsphaera hypericacearum	

Moellerodiscus cf. lentus	Finca ‚Los Castañeros'
Mollisia cinerea	
Mollisia ventosa	
Monilinia laxa	
Montagnea hausknechtii	
Morchella conica	Pequeño Peru
Morchella conica var. deliciosa	Finca ‚Los Castañeros', Süden, Norden/sur, norte: Brandstellen im Kiefernwald/*zonas quemada en pinares,* Fayal/Cistus
Morchella elata	La Pavona
Morchella esculenta	Finca ‚Los Castañeros', El Pilar
Morchella tridentina	
Mucronella calva	
Multiclavula corinoides	
Mutinus caninus	Pequeño Peru, Puntallana Piste
Mycena abramsii	Rötlingsweg/Vía Entoloma
Mycena acicula	Rötlingsweg/Vía Entoloma, Pared Vieja, Los Tilos
Mycena adonis	Los Tilos
Mycena adscendens	Pared Vieja, Tunnelstraße
Mycena aetites	Pajonales
Mycena alba	
Mycena algeriensis	Pequeño Peru
Mycena alphitophora	Finca ‚Los Castañeros'
Mycena amicta	Hoyo del Rehielo, Finca ‚Los Castañeros', Märchenwald/Bosque de Maravillas, El Pilar y otros
Mycena angustispora	
Mycena arcangeliana	Pared Vieja, Märchenwald/Bosque de Maravillas
Mycena capillaripes	Pared Vieja
Mycena capillaripes fm. albida	Finca ‚Los Castañeros'
Mycena capillaris	
Mycena clavicularis	Pared Vieja, Tunnelstraße
Mycena clavularis	
Mycena corynephora	Finca ‚Los Castañeros'
Mycena crispula	
Mycena cyanorhiza	Finca ‚Los Castañeros', Pared Vieja
Mycena diosma	Pared Vieja, Pajonales
Mycena diosma fm. alba	Pared Vieja
Mycena dura	
Mycena epipterygia	El Pilar, Pared Vieja, Hoyo del Rehielo
Mycena epipterygia var. atroviscosa	El Pilar
Mycena epipterygia var. lignicola	El Pilar, Pajonales
Mycena epipterygia var. pelliculosa	El Pilar

Mycena epipterygia var. splendidipes	El Pilar
Mycena epipterygia var. viscosa	Casa del Monte, El Pilar
Mycena erubescens	
Mycena filopes	Pared Vieja, Rötlingsweg/Vía Entoloma, Hoyo del Rehielo
Mycena flavescens	Roquestraße
Mycena floris-castaneae	Finca ‚Los Castañeros'
Mycena galericulata	Pared Vieja, Pajonales, El Pilar y otros
Mycena galopus	Rötlingsweg/Vía Entoloma, Pared Vieja
Mycena gausapata	
Mycena haematopus	Cubo de La Galga
Mycena hiemalis	Cumbre Nueva
Mycena hiemaloides	Pajonales
Mycena inclinata	La Pavona, Finca ‚Los Castañeros', Pared Vieja y otros
Mycena integrella	
Mycena lapalmaensis	Finca ‚Los Castañeros'
Mycena leptocephala	Pared Vieja
Mycena leucogala	
Mycena lohwagii	
Mycena longiseta	Cumbre Nueva
Mycena maculata	Rötlingsweg/Vía Entoloma
Mycena megaspora	
Mycena meliigena	
Mycena metata	El Pilar
Mycena mirata	Pared Vieja
Mycena mucor	
Mycena parvoaquosipes	Hoyo del Rehielo
Mycena phoenicis_canariensis	Finca ‚Los Castañeros'
Mycena pilosella var. heterocystidiata	Tagoja
Mycena polyadelpha	Pared Vieja
Mycena polygramma	Los Tilos
Mycena pseudocrispula	
Mycena pseudocyanorhiza	Llano de Mosca
Mycena pseudocorticola	Cumbre Nueva
Mycena pura	Pared Vieja, El Pilar, Hoyo del Rehielo y otros
Mycena pura var. rosea	
Mycena purpureofusca	
Mycena radicifera	Rötlingsweg/Vía Entoloma
Mycena renati	Los Tilos, Pared Vieja
Mycena romagnesiana	Pequeño Peru
Mycena rubromarginata	Pared Vieja
Mycena sanguinolenta	Finca ‚Los Castañeros', El Pilar y otros
Mycena seynii	El Pilar, Cubo de La Galga

Mycena speirea	Los Tilos
Mycena stipata	
Mycena stylobates	Pared Vieja
Mycena tenerrima	
Mycena urania	
Mycena villicaulis	Cubo de La Galga
Mycena vitilis	Los Tilos
Mycena vulgaris	Pared Vieja
Mycenastrum corium	
Mycenella margaritispora	
Mycoacia aurea	
Mycoacia uda	
Myriostoma coliforme	Finca ‚Los Castañeros'
Myxomphalia maura	Pared Vieja, Hoyo del Rehielo y otros
Nectria coccinea	
Nematoloma sublateritia	
Neodasyscypha cerrina	
Octospora canariensis	
Octospora roxheimii	
Odontia corrugata	
Ohleria modesta	
Oligoporus stipticus	
Oligoporus tephroleucus	
Omphalina obscurata	El Pilar
Omphalotus olearius	Monte Breña, Finca ‚Los Castañeros'
Orbilia aurantiorubra	
Orbilia corculispora	
Orbilia delicatula	
Orbilia gambelii	
Otidea alutacea	Pared Vieja
Otidea cantharella var. minor	
Otidea cochleata	Pequeño Peru, Märchenwald/Bosque de Maravillas
Otidea concinna	Pared Vieja
Otidea felina	
Otidea grandis	Pared Vieja
Otidea microspora	
Otidea mirabilis	
Otidea onotica	Pared Vieja
Otidea umbrina	Pared Vieja
Panaeolus acuminatus	El Pilar
Panaeolus fimicola	El Pilar
Panaeolus papilionaceus	Finca ‚Los Castañeros', La Pavona
Panaeolus sphinctrinus	

Panellus stypticus	Pared Vieja
Paradiacheopsis fimbriata	
Paradiacheopsis solitaria	
Parvobasidium cretatum	
Patellaria atrata	
Paxillus atromentosus	Garafía, Roquestraße
Paxillus involutus	Tunnelstraße, Cumbre Nueva
Paxillus panuoides	Pared Vieja, Märchenwald/Bosque de Maravillas
Peckiella deformans	
Peckiella lateritia	
Penicillium spec.	Finca ‚Los Castañeros'
Peniophora boidinii	
Peniophora cinerea	
Peniophora incarnata	
Peniophora lycii	
Peniophora meridionalis	
Peniophora nuda	
Peniophora rufomarginata	
Perennipora ochroleuca	
Perichaena corticalis	
Perichaena depressa	
Peziza arvernensis	
Peziza berthetiana	
Peziza cerea	Finca ‚Los Castañeros'
Peziza domiciliana	Finca ‚Los Castañeros'
Peziza repanda	
Peziza varia	Hoyo del Rehielo
Peziza vesiculosa	Finca ‚Los Castañeros', Cumbre Nueva
Pezoloma iodopedis	
Phacopsis oxyspora	
Phaelus schweinitzii	Tagoja, Cumbre oeste, El Pilar
Phaeomarasmius erinaceus	
Phallus hadriani	Garafía, Monte Breña
Phallus impudicus	Las Manchas
Phanerochaete affinis	
Phanerochaete cremea	
Phanerochaete laevis	
Phanerochaete martelliana	
Phanerochaete sordida	
Phanerochaete tuberculata	
Phanerochaete velutina	
Phellinus ferreus	
Phellinus ferruginosus	
Phellinus pomaceus	

Phellinus robustus	
Phellinus rufus	
Phellinus torulosus	
Phellinus tuberculosus	
Phellinus wahlbergii	
Phellodon melaleucus	
Phellodon niger	Pared Vieja
Phellodon tomentosus	El Pilar, Hoyo del Rehielo
Phlebia livida	
Phlebia merismoides	
Phlebia radiata	
Phlebia rufa	
Phlebiella ardosiaca	
Phlebiopsis gigantea	
Phlebiopsis ravenelii	
Phlebiopsis roumeguerii	
Phloeospora mari	
Pholiota blattaria	
Pholiota flammans	
Pholiota gummosa	Märchenwald/Bosque de Maravillas, Cumbre Nueva
Pholiota highlandensis	Märchenwald/Bosque de Maravillas, Llano de Mosca y otros
Pholiota lubrica	Pared Vieja
Pholiota nematolomoides	Pared Vieja, Fuencaliente
Pholiota spumosa	
Phragmidium sanguisorbae	
Phragmidium violaceum	
Phylloporus rhodoxanthus	Breña
Physarum auriscalpium	
Physarum bitectum	
Physarum bivalve	
Physarum carneum	
Physarum cinereum	
Physarum compressum	
Physarum leucophaeum	
Physarum nutans	
Physarum oblatum	
Physarum pusillum	
Physarum robustum	
Physarum viride var. aurantium	
Physisporinus sanguinolentus	
Pisolithus arhizus	Cumbre Nueva, Llano de Mosca y otros
Plectonia melastoma	

Pleuroflammula raggaziana	
Pleurotus dryinus	Los Tilos
Pleurotus opuntiae	Hotel Cascadas
Pleurotus ostreatus	Finca ,Los Castañeros'
Pleurotus pulmonaris	Finca ,Los Castañeros'
Plicaria leiocarpa	
Pluteus atromarginatus	Hoyo del Rehielo, Camino Real
Pluteus cervinus	Pared Vieja, Cumbre Nueva
Pluteus insidiosus	Finca ,Los Castañeros'
Pluteus luctuosus	Rötlingsweg/Vía Entoloma
Pluteus nigrofloccosus	Pared Vieja
Pluteus pellitus	Pared Vieja
Pluteus phlebophorus	
Pluteus podospileus	
Pluteus salicinus	Pared Vieja
Pluteus thomsonii	Cumbre Nueva
Pocheina rosea	
Polydesmia pruinosa	
Polyporus arcularius	
Polyporus tuberaster	
Poplyporus meridionalis	Cumbre Nueva
Porosterum spadiceum	
Propolis versicolor	
Propolis viridis	
Propolomyces versicolor	
Protocrea farinosa	
Psathyrella artemisiae	Pared Vieja, Hoyo del Rehielo
Psathyrella atomatoides	Märchenwald/Bosque de Maravillas
Psathyrella badiophylla	Pared Vieja, Roquestraße
Psathyrella candolleana	Finca ,Los Castañeros', Cumbre Nueva, Pequeño Peru, Märchenwald/Bosque de Maravillas y otros
Psathyrella canoceps	
Psathyrella conopilus	Rötlingsweg/Vía Entoloma
Psathyrella corrugis fm. corrugis	Pared Vieja
Psathyrella corrugis fm. gracilis	Pared Vieja
Psathyrella corrugis fm. substerilis	Pared Vieja
Psathyrella cotonea	
Psathyrella flexispora	Märchenwald/Bosque de Maravillas
Psathyrella friesii	Riachuelo
Psathyrella gossypina	
Psathyrella laevissima	Cubo de La Galga
Psathyrella longicauda	Tagoja
Psathyrella microrhiza	Finca ,Los Castañeros'

Psathyrella noli_tangere	Roquestraße
Psathyrella obtusata	
Psathyrella obtusata var. aberrans	Pared Vieja
Psathyrella ocellata	Riachuelo
Psathyrella orbicularis	Tagoja
Psathyrella orbitarum	Tagoja
Psathyrella panaeoloides	Pajonales
Psathyrella pannucioides cf.	Pared Vieja
Psathyrella polycystis	Pared Vieja, Rötlingsweg/Vía Entoloma
Psathyrella pseudogracilis	Roquestraße Eucalypto
Psathyrella rostellata	Märchenwald/Bosque de Maravillas
Psathyrella rubiginosa	
Psathyrella scatophila	Riachuelo
Psathyrella senex	Riachuelo
Psathyrella sphagnicola	Märchenwald/Bosque de Maravillas, Hoyo del Rehielo
Psathyrella stipatissima	
Psathyrella sulcatotuberculosa	Hotel Las Olas
Psathyrella tephrophylla	Pajonales
Pseudoclitocybe cyathiformis	Märchenwald/Bosque de Maravillas, Hoyo del Rehielo, Pared Vieja y otros
Pseudoclitocybe expallens	Hoyo del Rehielo
Pseudoclitocybe lapalmaensis	Puntallana, Cumbre oeste
Pseudoclitocybe obbata	Tagoja
Pseudolachnea hispidula	
Pseudoombrophila dentata	
Pseudoomphalina kalchbrenneri	
Pseudoomphalina pachyphylla	Pared Vieja
Psilocybe coprophila	Breña
Psilocybe inquilina	Pajonales
Psilocybe semilanceata	
Psilocybe subcophrophila	La Pavona
Puccinia brachypodii	
Puccinia hyparrhenicola	
Puccinia malvadearum	
Puccinia pelargonii_zonalis	
Pulcherricium coeruleum	Finca ‚Los Castañeros', Pajonales y otros
Pulveroboletus gentilis	Finca ‚Los Castañeros', Cumbre oeste
Pulveroboletus hemichrysus	Monte Breña, Fuencaliente
Pulverolepiota pulverulenta	Los Tilos, Pequeño Peru
Radulomyces confluens	
Ramaria arcosuensis	
Ramaria cookeri cf.	
Ramaria decurrens	Breña

Ramaria flaccida	
Ramaria invalii	
Ramaria myceliosa	Hoyo del Rehielo
Ramaria nigrescens	
Ramaria stricta	Pared Vieja
Ramaria subdecurrens	Märchenwald/Bosque de Maravillas
Ramariopsis kunzei	Cumbre Nueva, La Malgarida y otros
Ramariopsis pulchella	
Ramicola haustellaris	
Ramularia centranthi	
Resinicium bicolor	
Resinomycena saccharifera	
Resupinatus applicatus	
Resupinatus applicatus var. trichotis	
Resupinatus unguicularis	La Malgarida
Rhachomyces feloi	
Rhizopogon obtextus	Pared Vieja, Märchenwald/Bosque de Maravillas, Hoyo del Rehielo, El Pilar y otros
Rhizopogon vulgaris	Hoyo del Rehielo, Tacande, Garafía
Rhodocybe fallax	Cumbre Nueva, Pajonales
Rhodocybe gemina	Pajonales
Rhodocybe gemina var. leucopus	Pajonales, Cumbre Vieja
Rhodocybe melleopallens	Barlovento
Rhodocybe mundula	Llano de Mosca
Rhodocybe nitellina	Rötlingsweg/Vía Entoloma, Hoyo del Rehielo, Tagoja
Rhodocybe popinalis	Los Tilos
Rickenella fibula	Barlovento, Hoyo del Rehielo, Rötlingsweg/Vía Entoloma
Rigidoporus ulmarinus	
Ripartites helomorphus	El Pilar, Hoyo del Rehielo, Pared Vieja
Ripartites metrodii	El Pilar
Roridomyces palmensis	Rötlingsweg/Vía Entoloma
Roridomyces roridus	Cumbre Nueva, Hoyo del Rehielo y otros
Russula acrifolia	El Pilar, Pared Vieja y otros
Russula adulterina	Tagoja
Russula adusta	Riachuelo
Russula amethystina	Llano de Mosca
Russula amoenolens	Finca ‚Los Castañeros'
Russula artesiana	Garafía
Russula aurata	El Pilar, Pared Vieja
Russula badia	Tagoja
Russula cessans	El Pilar, Märchenwald/Bosque de Maravillas, Hoyo del Rehielo

Russula cicatricata	Tagoja
Russula cistoadelpha	Cumbre Nueva, Tacande
Russula cristata	
Russula cutifracta	
Russula delica	El Pilar
Russula densifolia	El Pilar
Russula drimeia	Pequeño Peru, Lomo del Cuchillo
Russula firmula	Pared Vieja
Russula fuscorubra	Pared Vieja
Russula fuscorubroides	Riachuelo
Russula integra fm. pseudoolivascens	Riachuelo
Russula laricina	Llanos de Jable
Russula medullata	Pared Vieja, Garafía
Russula meliolens	
Russula monspeliensis aff.	Roquestraße
Russula nuragica	Hoyo del Rehielo, Riachuelo
Russula nuragica f. holoxantha	Riachuelo
Russula parazurea	Finca ‚Los Castañeros', Cumbre oeste
Russula pectinatoides	
Russula persicina var. intactior	Tagoja
Russula prinophila	Riachuelo
Russula pseudointegra	
Russula putida	Roquestraße, El Pilar
Russula romellii	
Russula rubra	Llano de Mosca
Russula sanguinarea	Riachuelo, Hoyo del Rehielo
Russula sanguinarea f. pseudorosacea	Roquestraße
Russula subcristulata	Pared Vieja
Russula torulosa	Finca ‚Los Castañeros'
Russula transiens	
Russula turci	Finca ‚Los Castañeros', El Pilar, Hoyo del Rehielo, Märchenwald/Bosque de Maravillas y otros
Russula tyrrhenica	Hoyo del Rehielo, Märchenwald/Bosque de Maravillas, El Pilar
Russula vinosa	Tacande
Rutstroemia echinophila	Los Tilos
Saccobolus citrinus	
Sarcodon glaucopus	
Sarcodon glaucopus	
Sarcodon imbricatum	
Sarcodon scabrosus	Riachuelo
Sarcoscypha macaronesica	La Malgarida, Pared Vieja
Schizophyllum commune	Finca ‚Los Castañeros', Hoyo del Rehielo

Schizopora paradoxa	
Schizopora radula	
Scleroderma areolatum	Finca ,Los Castañeros', Los Tilos
Scleroderma bovista	La Malgarida, Pared Vieja y otros
Scleroderma citrinum	Finca ,Los Castañeros', Pared Vieja
Scleroderma flavidum	Finca ,Los Castañeros', Pared Vieja
Scleroderma meridionale	Finca ,Los Castañeros'
Scleroderma polyrhizum	Finca ,Los Castañeros', Pajonales y otros
Scleroderma verrucosum	Finca ,Los Castañeros', Pared Vieja
Sclerogaster compactus	Finca ,Los Castañeros'
Sclerogaster spec. nov.	
Scutellina scutellata	Los Tilos
Scytinostroma hemidichophyticum	
Scytinostroma portentosum	
Scytinostromella cf. heterogenea	
Sebacina epigaea	
Septoria achyranthis	
Sericeomyces erioderma	Monte Breña
Sericeomyces serenus	Finca ,Los Castañeros'
Sericeomyces sericifer	
Sericeomyces subvolvatus	Finca ,Los Castañeros'
Sericeomyces viscidulus	Finca ,Los Castañeros'
Serpula himantioides	Finca ,Los Castañeros'
Setulipes androsaceus	
Sistotrema brinkmannii	
Sistotrema confluens	Pared Vieja, Cumbre oeste y otros
Sistotrema diademiferum	
Sistotrema muscicolum	
Sistotrema pteriphilum	
Sistotremastrum niveocremeum	
Skeletocutis amorpha	
Skeletocutis carneogrisea	
Skeletocutis kuehneri	
Skeletocutis nivea	
Skeletocutis percandida	Cumbre Nueva
Sordaria superba	
Sowerbyella requisii	
Soytinostroma alutum	
Sparassis crispa	Pared Vieja
Sphaerobolus stellatus	
Spongiporus leucomallellus	
Sporisorium penniseti	
Sporisorium puellae	
Steccherinum fimbriatum	

Steccherinum ochraceum	
Stemonitis fusca	
Stemonitopsis hyperopta	
Stemonitopsis typhina	
Stereocaulon vesuvianum	
Stereum gausapatum	
Stereum hirsutum	
Stereum insignitum	
Stereum ochraceo_flavum	
Stereum reflexulum	
Stereum rugosum	Los Tilos
Stereum sanguinolentum	
Stereum subtomentosum	Finca ,Los Castañeros'
Stictis radiata	
Stictis stellata	
Stigmatolemma urceolatum	
Stilbella fimentaria	
Stropharia aeruginosa	El Pilar, Märchenwald/Bosque de Maravillas, Pared Vieja y otros
Stropharia aeruginosa fm. azafranoides	El Pilar, Llano de Mosca
Stropharia cyanea	
Stropharia rugoso-annulata	Finca ,Los Castañeros'
Stropharia semiglobata	Breña
Stropharia semiglobata var. stercoraria	Pequeño Peru
Strossmayeria basitricha	
Subulicystidium longisporum	
Suillus bellini	Cumbre oeste, El Pilar, Pared Vipared vieja y otros
Suillus bovinus	Puntallana
Suillus collinitus	Fuencaliente, Riachuelo, Hoyo del Rehielo
Suillus granulatus	
Suillus mediterraneensis	Lomo del Cuchillo, Pequeño Peru
Syzygites melagocarpus	
Tapesia fusca	
Tapinella panuoides	
Taphrina deformans	
Tarzetta catinus	Pared Vieja
Tarzetta cupularis	Pared Vieja, Hoyo del Rehielo
Telephora anthrocephala	
Telephora caryophyllea	Hoyo del Rehielo, Cumbre Nueva y otros
Telephora palmata	Garafía
Telephora terrestres	
Tephrocybe anthracophila	
Tephrocybe tesquorum	

Terana caerulea	
Terfezia olbiensis	
Thuemenidium atropurpureum	Los Tilos
Tolostoma cf. kotlabae	
Tomentella oligofibula	
Tomentella terrestris	
Trametes hirsuta	
Trametes pubescens	La Malgarida
Trametes versicolor	Cumbre Vieja, Pared Vieja y otros
Trametopsis cervina	
Tranzschelia discolor	
Trechispora alnicola	
Trechispora cohaerens	
Trechispora farinacea	
Trechispora microspora	
Trechispora mollusca	
Trechispora stellulata	
Tremella mesenterica	Pared Vieja, Cumbre Nueva
Tremella obscura	
Tremellodendropsis tuberosa	Rötlingsweg/Vía Entoloma
Tremiscus helvelloides	
Trichaptum abietinum	Cubo de La Galga
Trichaptum hollii	
Trichia botrytis	
Trichia contorta var. contorta	
Trichia contorta var. inconspicus	
Trichia decipiens	Pared Vieja
Trichia favoginea	
Trichia persimilis	
Trichia varia	Los Tilos
Trichoglossum hirsutum	Breña, Los Tilos
Tricholoma acerbum	La Pavona, Tunnelstraße, Tacande
Tricholoma albobrunneum	Pared Vieja, Lomo del Cuchillo
Tricholoma argyraceum	Finca ‚Los Castañeros'
Tricholoma atrosquamosum	Llano de Mosca
Tricholoma aurantium	
Tricholoma caligatum	Riachuelo, Cumbrecita
Tricholoma equestre	Pequeño Peru, Pared Vieja y otros
Tricholoma flavovirens	
Tricholoma focale	Pared Vieja, Cumbre oeste, Hoyo del Rehie-lo, Pajonales y otros
Tricholoma focale cf. var. caligatum	Cumbre Nueva, Pajonales
Tricholoma fracticum	Riachuelo
Tricholoma gausapatum	Pared Vieja, Märchenwald/Bosque de Maravillas

Tricholoma joachimii	Finca ‚Los Castañeros', Pared Vieja
Tricholoma myomyces	Pared Vieja
Tricholoma popolinum fm. campester	Cumbre Nueva, Cumbre Vieja
Tricholoma portentosum	Cumbre Nueva
Tricholoma robustum	
Tricholoma saponaceum	Puntallana, Barlovento
Tricholoma scalpturatum	
Tricholoma stans	La Pavona, Hoyo del Rehielo
Tricholoma sudum	Puntagorda
Tricholoma terreum	Pared Vieja, Hoho del Rehielo y otros
Tricholoma triste	Hoyo del Rehielo
Tricholomopsis rutilans	Pared Vieja, Hoyo del Rehielo y otros
Tricholosporum palmense	
Trichophaea woolhopeia	La Pavona, Breña
Tubaria conspersa	Pared Vieja
Tubaria furfuracea	Pared Vieja, La Pavona
Tubaria hiemalis	Breña, Riachuelo
Tubifera ferruginosa	Los Tilos
Tubulicrinis calothrix	
Tubulicrinis glebulosus	
Tubulicrinis gracillimus	
Tulasnella violea	
Tulostoma squamosum	
Tulostoma striatum	
Typhula phacorrhiza	
Typhula quisquiliaris	
Uncinula necator	
Uromyces behensis	
Vascellum pratense	Finca ‚Los Castañeros', Breña
Volvariella gloiocephala	Finca ‚Los Castañeros', Breña
Volvariella hypopitus	Roquestraße Eucalypto
Volvariella volvacea	Finca ‚Los Castañeros', Breña
Willkommlangea reticulata	
Xenasma pulverulentum	
Xerocomus badius	Garafía
Xerocomus pelletieri	
Xylaria arbuscula	
Xylaria filiformis	Märchenwald/Bosque de Maravillas, Puntallana, El Pilar y otros
Xylaria hippotrichoides	
Xylaria hypoxylon	Pared Vieja
Xylaria longiana	
Xylaria polymorpha	

Die Autorin · La autora

„Schon meine Großmutter ging in den ostoberschlesischen Wald zum Pilzesammeln, dabei trug sie Seidenhandschuhe, wie es sich damals für eine Dame gehörte. Meine Mutter fuhr mit mir mit dem Fahrrad in der Märkischen Heide herum, um die uns bekannten Speisepilze zu suchen, wobei wir auch die dicken, saftigen Blaubeeren nicht verachteten (als Kind mit Eierkuchen mein liebstes Gericht). Meine Fortbildung und das Interesse an weiterführender Pilzkunde begannen, als ich 19-jährig nach Lübeck flüchtete und dort zwei ernsthaft arbeitende Pilzkundler kennenlernte, die mich eingehend unterrichteten. Schon in Lübeck war ich in der Pilzberatung tätig und machte über 500 Farbdias meiner gefundenen Pilze, dann zog ich nach Hornberg (Schwarzwald), baute die Schwarzwälder Pilzlehrschau zu einem Lehrinstitut aus, schuf das Pilzbrutlabor und legte den Hornberger Pilzgarten mit Kulturen der bekannten Zuchtpilze an. Im Auftrag der DGfM (Deutsche Gesellschaft für Mykologie, e.V.) bildete ich über 500 Pilzberatererinnen und -berater aus und begann, Pilz- und Kochbücher zu schreiben. 1979 zog ich nach La Palma und widmete mich der sehr notwendigen pilzfloristischen Arbeit, da die Pilze auf dieser Insel davor kaum Beachtung gefunden hatten. Und hier sitze ich immer noch und genieße das Wohlergehen auf diesem paradiesischen Fleckchen."
Etwa 20 Pilz-, Natur- und Kochbücher (viele vergriffen). Zuletzt: 80 Setas comestibles en La Palma. *80 essbare Pilze auf La Palma* (La Palma 2019, spanisch-deutsch).

„Mi abuela solía ir a recoger setas al bosque de la Alta Silesia oriental, con guantes de seda, como correspondía a una dama en aquella época. Mi madre me llevaba en bicicleta por la Märkische Heide a buscar las setas que conocíamos, y no desdeñábamos los gruesos y jugosos arándanos (mi plato favorito de niño con tortitas). Mi formación complementaria y mi interés por la ciencia de las setas comenzaron cuando huí a Lübeck a los 19 años y allí conocí a dos serios expertos en setas que me enseñaron en detalle. En Lübeck ya trabajaba como asesor de setas e hice más de 500 diapositivas en color de las setas que encontraba. Después me trasladé a Hornberg (Selva Negra), desarrollé la exposición de setas de la Selva Negra hasta convertirla en un instituto de enseñanza, creé el laboratorio de cultivo de setas y establecí el jardín de setas de Hornberg con cultivos de las setas cultivadas más conocidas. En nombre de la DGfM (Sociedad Alemana de Micología), formé a más de 500 asesores de setas y empecé a escribir libros de setas y de cocina. En 1979, me trasladé a La Palma y me dediqué a la tan necesaria labor florística de las setas, ya que hasta entonces las setas de esta isla habían recibido poca atención. Y aquí sigo, disfrutando del bienestar de este pequeño rincón del paraíso". Ha publicado una veintena de libros de setas, naturaleza y cocina (muchos están agotados). El más reciente: 80 Setas comestibles en La Palma. *(La Palma 2019, español-alemán).*

Weitere Bücher zur Natur der Insel · Más libros sobre la naturaleza de la isla

Ines Dietrich: La Palma. Pflanzen und Tiere vom Meer bis zu den Bergen
(2024, 416 S., viele Bilder, ISBN 978-3-88769-006-9)
Am Wegesrand und in den Meereswogen finden sich Überlebenskünstler und wahre Schönheiten. Sonnendurchglühte Mondlandschaften, feuchte Lorbeerwildnis, duftende Kiefernwälder, schroffe Hochgebirge ... das sind die Lebensräume unterschiedlichster Arten. Das Besondere an diesem Naturführer ist auch, dass er mehr über Flora und Fauna vermittelt, als eine minimale Beschreibung zulässt. Sie finden Namen, Merkmale, Verwendungen in der traditionellen Kultur und Volksheilkunde, mindestens einen Standort, bei Tieren Hinweise zu Beobachtungsmöglichkeiten. An vielen Details ist zu erkennen, dass die Autorin seit bald 30 Jahren auf La Palma lebt und Natur ihre Leidenschaft ist. Ca. 140 Pflanzen, ca. 60 nur auf den Kanaren vorkommende, ca. 23 La Palma Endemiten und über 90 Tiere. *(Sólo en alemán)*

Ines Dietrich: Vive La Palma – una guía para 12 meses
(408 páginas, muchas fotos, ISBN 978-3-88769-453-1)
De enero a diciembre cada mes tiene su propio capítulo lleno de información y muchas fotos. Sumérjase en los paisajes, el estilo de la vida isleña, la historia y la naturaleza de La Palma. Qué florece en cada mes, qué fiestas hay, qué paseos son adecuados, qué recetas típicas, qué hacer en el jardín y mucho más... *(español)*

Die deutschsprachige Ausgabe: **Geheimnisse der Insel La Palma. Ein Reiseführer durch 12 Monate**
(3. Auflage, 408 S.,viele Fotos, ISBN 978-3-88769-796-9)
Von Januar bis Dezember hat jeder Monat sein eigenes Kapitel mit vielen Informationen und Fotos ... Landschaften, das Inselleben, Geschichte und Natur von La Palma. Welche Blumen blühen in welchem Monat, welche Feste gibt es, Spaziergänge, typische Rezepte, was ist im Garten zu tun und vieles mehr ... *(deutsch)*

Impressum

PF 1621, D – 72006 Tübingen / Tel.: 0049 (0) 172 7233958
konkursbuch.de / gehrke@konkursbuch.com
Fotos: Rose Marie Dähncke (mit Ausnahme/*excepto* p. 4, 39, 31ff., 34, 35 oben/*arriba*, 36 oben/*arriba*, 37, 51 oben/*arriba*, 60, 81, 82 oben/*arriba* 84 oben/*arriba*, 85 oben/*arriba*, 93 oben/*arriba*, Fotos: Verlegerin/la editora). Cover/*portada*: Märchenwald/*Bosque de Maravillas*. Vorsatzpapier/*guarda*, vorne/*al principio*: Märchenwald/*Bosque de Maravillas*, hinten/*al final*: Cumbre nueva, S. 4: El Richauelo.
Gestaltung/*Diseño*: Rose Marie Dähncke & Claudia Gehrke.
Übersetzung/*traducción*: Verlag @ Freundinnen (Bettina & Rosa).

Hinweis: Wenn Sie Pilze essen möchten, vergewissern Sie sich in Bestimmungsbüchern oder lassen Sie sich von Pilzfachleuten beraten. Alle Angaben in diesem Buch wurden von Autorin und Verlag sorgfältig geprüft, dennoch kann keine Garantie für Richtigkeit oder Haftung übernommen werden. Wege können zuwachsen, Straßenkilometer anders berechnet werden und so weiter.
Wir wünschen Ihnen schöne Spaziergänge mit diesem Buch. Gerne schreiben Sie uns: gehrke@konkursbuch.com

Unser weiteres Programm zu La Palma und anderen kanarischen Inseln (Reisebücher, Gedichte, Romane, Krimis): www.konkursbuch.de/kanaren/
Gerne schicken wir auch unseren gedruckten Prospekt kanarischer Bücher.

Nota: Si quiere comer setas, consulte libros de identificación de setas o pida consejo a expertos en setas. Toda la información de este libro ha sido cuidadosamente comprobada por la autora y la editora, pero no se puede ofrecer ninguna garantía de exactitud ni responsabilidad. Los senderos pueden estar cubiertos de hierba, los kilómetros de carretera pueden calcularse de forma diferente, etc.
Esperamos que disfrute de sus paseos con este libro. Puede escribirnos a: gehrke@konkursbuch.com

Nuestro programa sobre La Palma y otras Islas Canarias (libros de viajes, poemas, novelas, thrillers): www.konkursbuch.de/kanaren/español/
También estaremos encantados de enviarle nuestro folleto impreso de libros canarios.

ISBN: 978-3-88769-990-1

konkursbuch.de/kanaren

konkursbuch.de/kanaren/español